新能源系统概述

桑宁如　陈浩龙　主　编

张发庆　罗素保　刘明洋
　　　　　　　　　　　　　副主编
刘　朗　温锖玉

U0217952

天津大学出版社
TIANJIN UNIVERSITY PRESS

图书在版编目(CIP)数据

新能源系统概述 / 桑宁如, 陈浩龙主编. — 天津：
天津大学出版社, 2021.6
ISBN 978-7-5618-6949-9

Ⅰ.①新… Ⅱ.①桑… ②陈… Ⅲ.①新能源—概论
Ⅳ.①TK01

中国版本图书馆CIP数据核字(2021)第099713号

出版发行	天津大学出版社
地　　址	天津市卫津路92号天津大学内(邮编:300072)
电　　话	发行部:022-27403647
网　　址	www.tjupress.com.cn
印　　刷	廊坊市海涛印刷有限公司
经　　销	全国各地新华书店
开　　本	185mm×260mm
印　　张	9.75
字　　数	238千
版　　次	2021年6月第1版
印　　次	2021年6月第1次
定　　价	49.00元

前　言

在人类社会发展的历史进程中,从钻木取火到电的发明应用,人类文明前进的每一步,都与能源的开发、利用密切相关。人类文明发展的过程,是能源开发利用的规模不断扩大、水平不断提高的过程。从推动社会生产力水平提高的作用来看,能源的开发和利用将人类社会飞速推向现代文明时代。

新能源是与常规能源相对的概念。常规能源是指技术较成熟、已被大规模利用的能源,如煤、石油、天然气、水电等。新能源是指技术正在发展成熟、尚未大规模利用的能源,其内涵因时期和技术水平发展的不同而有所不同。根据当前我国能源状况,新能源包括太阳能、风能、生物质能、氢能、核能、地热能、海洋能等。

本书紧扣新能源技术及新能源产业的发展,分类介绍了常规能源的基本情况、新能源的特点及其开发利用技术、新能源在我国的产业发展情况等。全书共分7章,第1章为概述,主要介绍了能源的概念和分类、新能源的现状及发展趋势等;第2章主要讲解了常规能源煤炭、石油、天然气、水能的分类、使用、资源分布情况;第3章主要介绍了目前在新能源领域占比最大的太阳能,系统阐述了太阳能的开发利用技术及产业发展趋势;第4章介绍了风能,系统阐述了风能的资源分布、开发利用技术及产业发展趋势;第5章介绍了近两年崛起的新能源——氢能,介绍了氢能的特点以及氢能应用的三个重要环节:制取、储存和利用,指出,作为新能源崛起的新势力,氢能在我国的新能源产业中逐渐有了重要的地位;第6章则列举了核能、生物质能、地热能、海洋能等其他新能源,方便大家对新能源有一个全面的认识;第7章介绍了近几年比较流行的一个概念—能源互联网,介绍了能源互联网发展的基本情况、关键技术、发展规划等内容。

本书为校企合作教材,由杭州瑞亚教育科技有限公司组织编写,郑州市科技工业学校作为教材编写合作院校,参与了大量的工作。

本书在编写中参考了很多书刊、标准和文章,在此向其作者致以谢意!

由于编者水平有限,时间仓促,书中难免存在疏漏和不足之处,恳请读者批评指正。

目　　录

第1章 概 述

在人类社会发展的历史进程中,从钻木取火到电的发明应用,人类文明前进的每一步,都与能源的开发、利用密切相关。人类文明发展的过程,是能源开发利用的规模不断扩大、水平不断提高的过程。从推动社会生产力水平提高的作用来看,能源的开发和利用将人类社会飞速推向现代文明时代。能源是国民经济的重要物质基础,未来国家的命运取决于对能源的掌控。能源的开发和有效利用程度以及人均消费量是生产技术和生活水平的重要标志。

1.1 能源概述

能源亦称能量资源或能源资源,是指能够直接或者通过加工、转换而取得有用能的各种资源,包括煤炭、原油、天然气、煤层气、水能、核能、风能、太阳能、地热能、生物质能等一次能源,电力、热力、成品油等二次能源,以及其他新能源和可再生能源。

1.1.1 能源的分类

能源的种类繁多,能源的分类方法也有多种。以能量根本蕴藏方式即来源的不同,能源可以分为三类。

1)第一类:来自太阳的能量

人类现在使用的能量主要来自太阳,故太阳有"能源之母"之称。除了直接利用的太阳辐射能之外,还有大量能源通过间接地利用太阳能源形成,如目前使用最多的煤、石油、天然气等化石能源。传统石油理论认为,煤、石油等化石能源实际是千百万年前植物在阳光照射下经光合作用形成有机质进而长成的根、茎及食用这些植物的动物的遗骸在漫长的地质变迁中所形成的。此外,生物质能、水能、风能等也都是由太阳能经过某些方式转换而形成的。

2)第二类:来自地球自身的能量

地球内部蕴藏着巨大的能量,如地热能资源以及原子能燃料,还包括地震、火山喷发和温泉涌出等自然现象呈现的能量。据估算,地球以地下热水和地热蒸汽形式储存的能量,是煤储能的 1.7 亿倍。地球上的原子能的储存体主要有铀、钍、氘、氚等核燃料。据估算,在目前的技术情况下,地球上可供开发的核燃料资源所能提供的能量是矿石燃料的 10 多万倍。

3)第三类:地球与其他天体引力相互作用产生的能量

这类能源可称为天体能。图 1-1 为太阳系行星运动图。由于太阳系其他行星或者距离地球较远,或者质量较小,只有太阳和月亮对地球有较大的引力作用。月亮对地球的引力导致地球上出现潮汐现象。潮汐蕴藏着极大的机械能,潮差常达十几米,是雄厚的发电原动力。

图 1-1　太阳系行星运动图

能源还可按比较的方法分类(表 1-1)。

1)一次能源和二次能源

按能源的产生是否经过加工转换,能源可分为一次能源和二次能源。

在自然界中天然存在的、可直接取得而又不改变其基本形态的能源,称为一次能源,如煤炭、石油、天然气、风能、地热能、核能、海洋能、生物质能等。一次能源经过加工转换形成的另一种形态的能源产品叫作二次能源,如电力、煤气、蒸汽及各种石油制品等。大部分一次能源,都可以转换成容易输送、分配和使用的二次能源。煤、石油、天然气是三种不可再生能源,它们是一次能源的核心,已成为全球能源的基础。此外,太阳能、风能、地热能、海洋能、生物质能及核能等可再生能源也被包括在一次能源范围内。

一次能源又分为可再生能源与非可再生能源。在自然界中可以不断再生并有规律地得到补充的能源,称为可再生能源。如水能、风能、太阳能、生物质能等,它们都可以循环再生,不会因长期使用而减少。经过亿万年形成、短期内无法恢复的能源,称为非可再生能源,如煤炭、石油、天然气等,它们随着大规模的开采利用,其储量会越来越少,直至枯竭。

2)清洁能源和非清洁能源

按是否污染环境,能源可分为清洁能源和非清洁能源。无污染或污染小的能源称为清洁能源,如太阳能、水能、氢能、天然气等;对环境污染较大的能源称为非清洁能源,如煤炭、石油等。

3)常规能源和新能源

按使用程度,能源可分为常规能源和新能源。在相当长的历史时期内和一定的科学技术水平下,已经被人类长期广泛利用的能源,称为常规能源,如煤炭、石油、天然气、水能等。新能源是相对常规能源而言的,是指新近利用或正着手开发的能源,或者近年来才被人们重视,但有发展前途的能源,如太阳能、风能、地热能、海洋能、核能等。

4)化石能源和非化石能源

按能源性质分类,能源又可分为化石能源和非化石能源。化石能源主要有煤炭、石油、天然气。一般来说,除了这三种能源外,其他能源均被称为非化石能源,包括风能、太阳能、水能、生物质能、地热能、海洋能等可再生能源以及核能等新能源。发展非化石能源,提高其在总能源消费中的比重,能够有效降低温室气体排放量,保护生态环境,降低能源不可持续供应的风险。

表 1-1　能源分类表

		可再生能源	非可再生能源
一次能源	常规能源	水能	煤、石油、天然气
	新能源	核能 地热能 生物质能 太阳能 风能 海洋能等	可燃冰
二次能源		电力、沼气、汽油、柴油、重油等石油制品、氢能等	

【试一试】海洋能指依附在海水中的可再生能源,海洋通过各种物理过程接收、储存和散发能量,这些能量以潮汐能、波浪能、温差能、盐差能、海流能等形式存在于海洋之中。我们知道由于月亮和地球之间的引力形成潮汐现象,从而产生潮汐能。查阅资料,找到海流能形成的原因。

1.1.2　能源利用的发展历史

我们可以从人类社会的发展历史进程中探寻能源品种不断开发、不断更替的变化过程。根据各个历史阶段所使用的主要能源,能源利用的发展可以分为柴草时期、煤炭时期、石油时期和多元化能源时期,如图 1-2 所示。

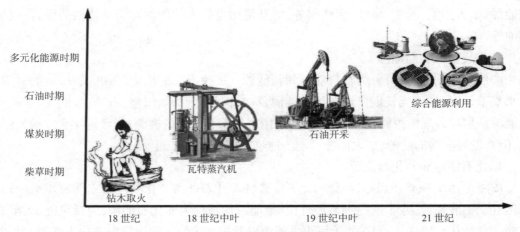

图 1-2　能源利用发展历史

1. 柴草时期

从原始社会到 18 世纪,草木作为取火燃料一直是人类最主要的能源。虽然逐渐有了畜力、风力、水力等"新能源"的发现和利用,但还是小规模的。人们把这个漫长的能源发展的历史阶段称为柴草时期或木柴时期。

在这个阶段,人类可利用的能源种类很少,利用能源的方法也是原始落后的,生产力发展水平亦很低。

2. 煤炭时期

16 世纪末到 17 世纪后期,英国的采矿业,特别是煤矿,已发展到相当规模,单靠人力、畜力难以满足排除矿井地下水的要求。英国的萨弗里、纽科门等致力于"以火力提水"的探索和试验。1698 年,萨弗里制成世界上第一台实用的蒸汽提水机,取得名为"矿工之友"的英国专利。

1765 年,英国人瓦特发明了设有与汽缸壁分开的凝汽器的蒸汽机,煤炭逐渐成为人类生产生活的主要能源,并由此展开了一场轰轰烈烈的工业革命。由煤炭作为燃料产生的二次能源——蒸汽成为工业、交通、运输等的主要动力。这个时期的主要标志是蒸汽机的应用。

3. 石油时期

19 世纪中叶,石油资源的发现,让能源利用走进了新时代。石油热值高,比煤炭洁净,使用方便,转换效率高,价格低廉,这些优势使石油的消费量迅速增长。

1967 年,石油在一次能源消费结构中的比例达到 40.4%,而煤炭所占比例下降到 38.8%,石油超过了煤炭消费量,成为世界的主体能源。世界上许多国家依靠石油和天然气,创造了人类历史上空前的物质文明。

4. 多元化能源时期

随着社会突飞猛进的发展,能源需求量亦成倍增加。世界上的传统化石能源逐渐枯竭,化石能源污染也日趋严重,能源问题成为世界性的难题。人类被迫开始深入地研究能源问题并进行能源开发,以实现第三次能源变革,即以煤炭、石油为主要能源逐步向多元化能源结构过渡,开始了对核能、太阳能、海洋能、生物质能等的开发研究与利用。

21世纪是以"高效与环保"为主题的能源时代。以化石燃料为主体的能源系统将逐步转变成以可再生能源为主体的能源系统,能源多元化将是21世纪世界能源发展趋势。新能源的出现与使用,必将加快世界工业革命的发展,逐渐改变世界能源的格局。

1.1.3 我国能源发展的历史情况

1. 我国能源发展基本情况

中华人民共和国在成立初期,能源生产水平很低,供求关系紧张。70多年来,我国能源生产逐步由弱到强,生产能力和生产水平大幅提升,一跃成为世界能源生产第一大国,传统能源(煤炭、石油、天然气)的产量增长迅速,能源发展实现历史剧变(表1-2)。

同时,我国能源总量不断增加,用能方式变革加快,能源结构持续大幅优化,清洁低碳化进程不断加快。

表1-2 我国能源消费结构表

年份	能源消费总量（亿吨标准煤）	占能源消费总量的比重（%）			
		煤炭	石油	天然气	其他能源
1949	0.5	96.3	0.7	—	3
1980	6.03	72.2	22.7	3.1	4
2000	13.86	67.8	23.2	2.4	6.7
2018	46.4	69.3	7.2	5.5	18

注:数据来源于国家发布的相关统计资料。

2. 我国能源产业的特点

我国能源发展的现状,有以下几个主要特点。

1)能源总量丰富,人均拥有量较低

我国是个能源生产大国,2018年一次能源生产总量为37.7亿吨标准煤,与上年相比增长5%。其中原煤生产总量36.8亿吨(25.8亿吨标准煤),占我国能源生产总量的68.44%,仍居主导地位。原油产量1.89亿吨(2.7亿吨标准煤),天然气产量1 602.7亿立方米(2.13亿吨标准煤),水电、光伏、风电、核电所占比重与2017年相比都有一定程度的提高。

虽然能源总量丰富,但人均能源拥有量较低,煤炭和水力资源的人均拥有量只有世界平均水平的50%,石油储量人均值只有世界平均值的11%,天然气储量人均值只有世界平均值的4%。

2)能源分布地域差异明显

我国的煤炭资源主要分布在华北、西北地区,水力资源主要分布在西南地区,石油、天然气资源则主要分布在东、中、西部地区和海域,而我国的能源消费却主要集中在东部的沿海经济发达地区。能源分布与消费的地区差异严重影响能源的合理配置和有效利用。为此,大规模、远距离的西气东输、西电东送、南水北调成为能源运输的基本格局,并使能源输送环节中的建设投资增大,能源输送损失增多。

3)能源结构有待进一步调整

改革开放以来,经过几十年的不懈努力,我国的能源结构得到一定程度的优化,形成了以煤炭为主体,以电力为中心,石油、天然气和可再生能源全面发展的能源供应格局,建成了较为完善的能源供应体系结构。但以煤炭为主的能源结构是造成能源利用效率低、环境污染问题严重的重要原因,这种能源结构在全世界是罕见的,同世界能源消费结构相比,我国属于"低质型"能源消费结构。

国家能源局数据显示,2013年到2016年,我国天然气和非化石能源消费比重提高了4.2个百分点,煤炭消费比重下降了5.4个百分点,可再生能源发电装机占比提高了4个百分点,水电、风电、太阳能发电和在建核电装机规模均居世界第一。

4)能源利用效率低

国际通常采用国内生产总值(gross domestic product, GDP)的能耗强度作为衡量能源效率的宏观指标。GDP能耗强度的定义为单位国内生产总值所消耗的能量。GDP能耗强度越低,表示能源的利用效率越高。1995年,中国的GDP能耗强度为1.64千克标准煤/万美元,而世界平均水平为0.39千克标准煤/万美元,是世界平均水平的4.2倍。

3. 我国能源工业的发展成就

经过70年的发展,尤其是改革开放以来,我国的经济发生了巨大的变化,我国能源工业也得到了高速发展,主要成就表现如下。

1)供给能力明显提高

中华人民共和国成立初期,我国能源供给严重短缺。1949年,我国能源生产总量只有0.24亿吨标准煤,远远满足不了国内需求。经过70多年特别是改革开放以来的不断努力,我国能源供给能力明显增强,建立了较为完善的能源供给体系。如表1-3所示,2018年,我国能源生产总量达到37.7亿吨标准煤,比1949年增长了156倍。2018年末,全国发电装机容量19亿千瓦,比1978年末增长32.3倍。

表1-3　我国传统能源产量对比简表

年份	原煤产量 (亿吨)	原油产量 (亿吨)	天然气产量 (亿立方米)
1949	0.3	0.000 7	0.11
1980	6.2	1.06	142.76
2000	13	1.58	277.00
2018	36.8	1.89	1 602.7

注:数据来源于国家发布的相关统计资料。

目前,全国已经建成14个大型煤炭基地,共有102个矿区,原煤产量从中华人民共和国成立初期的0.3亿吨增长到2018年的36.8亿吨,自1989年以来一直居世界第一。我国先后建成了大庆、胜利、辽河、塔里木等若干个大型石油生产基地，2018 年原油产量为 1.89 亿吨，居世界第四位，实现稳步增长。天然气产量迅速提高，从 1980 年的 142.76 亿立方米提高到 2018 年的 1 602.7 亿立方米。商品化可再生能源量在一次能源结构中的比例逐步提高。电力发展迅速，截至 2018 年底，全国发电装机容量 19.0 亿千瓦，同比增长 6.5%；全国全口径发电量 69 940 亿千瓦时，同比增长 8.4%，位列世界第一。能源综合运输体系发展较快，运输能力显著增强，建设西煤东运铁路专线及港口码头，形成了北油南运管网，建成了西气东输大干线，实现了西电东送和区域电网互连。

2）能源节约效果显著

改革开放以来，在各项节能降耗政策、措施的大力推动下，经过全社会的共同努力，我国节能降耗取得了突出成效，GDP 能耗强度整体呈现下降态势。按照 2015 年美元价格和汇率计算，2016 年我国单位 GDP 能耗强度下降到 0.37 千克标准煤/万美元，是 2015 年世界GDP 能耗强度平均水平的 1.4 倍，是发达国家平均水平的 2.1 倍，是美国的 2.0 倍、日本的2.4 倍、德国的 2.7 倍、英国的 3.9 倍。

3）科技水平迅速提高

我国能源科技取得显著成就，以"陆相成油理论与应用"为标志的基础研究成果，极大地促进了石油地质科技理论的发展。石油、天然气工业已经形成了比较完整的勘探开发技术体系，特别是复杂区块勘探开发、油田采收率提高等技术在国际处于领先地位。煤炭工业建成一批具有国际先进水平的大型矿井，重点煤矿采煤综合机械化程度显著提高。在电力工业方面，先进发电技术和大容量高参数机组得到普遍应用，水电站设计、工程技术和设备制造等技术达到世界先进水平，核电初步具备百万千瓦级压水堆自主设计和工程建设能力，高温气冷堆、快中子增殖堆技术研发取得重大突破。烟气脱硫等污染治理、可再生能源开发利用技术迅速提高。正负 500 千伏直流和 750 千伏交流输电示范工程相继建成投运，正负800 千伏直流和 1 000 千伏交流特高压输电试验示范工程启动。

4）环境保护取得进展

我国政府高度重视环境保护，加强环境保护已经成为基本国策，社会各界的环保意识普遍提高。1992 年联合国环境与发展大会后，我国组织制定了《中国 21 世纪议程》，并综合运用法律、经济等手段全面加强环境保护。中国的能源政策也把减少和有效治理能源开发利用过程中引起的环境破坏、环境污染作为其主要内容。

近十年来，不同品种能源占比呈现不同趋势。原煤生产占比在"十二五"以来持续下降，2018 年较 2011 年下降 9.5 个百分点。原油生产总量占比持续下降，2018 年较 2009 年下降 2.2 个百分点。天然气和水电、核电、风电等清洁能源生产合计占比在 2016 年达到22.2%。2017 年、2018 年清洁能源占比分别为 23.8%、24.6%。

5）市场环境逐步完善

我国能源市场环境逐步完善，能源工业改革稳步推进。能源企业重组取得突破，现代企业制度基本建立。投资主体实现多元化，能源投资快速增长，市场规模不断扩大。煤炭工业生产和流通基本实现了市场化。电力工业实现了政企分开、厂网分开，建立了监管机构。石油天然气工业基本实现了上下游、内外贸一体化。能源价格改革不断深化，价格机制不断完善。

　　电力改革(后简称"电改")得到稳步推进(图1-3),通过核实输配电价,将利润转移到售电侧和用电侧。引入售电公司,增加售电的市场化竞争,最终将利润转移到用户侧,以此降低用电成本。电改放开前,电网公司盈利来自购售电价差,用户基本是从电网公司买电。电改放开后,电网公司盈利来自经过精确核算成本和利润后的过网费,用户可以从电网、售电公司等多种主体手中购买电量,商业模式发生显著变化。

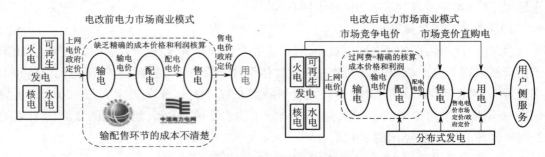

图1-3　电改放开前后电力市场商业模式对比

　　【试一试】查找资料,把中国近代的百年发展史和能源发展情况相结合,深刻理解我国的能源发展历史和国计民生变化的关联,尤其是改革开放的伟大成就与我国能源发展规模的关联。

1.2　新能源及新能源发展趋势

　　人类已经进入21世纪,煤炭、石油等化石燃料的大量使用,引发了不可再生能源终将耗尽的担忧,同时日趋严重的环境污染问题受到广泛关注。人类正在积极寻找煤炭、石油等环境污染严重的化石能源的替代品。人们开始开发和利用新能源,寻求一种新的清洁、安全、可靠的可持续能源系统。

1.2.1　新能源简介

　　新能源是与常规能源相对的概念。常规能源是指技术较成熟、已大规模利用的能源,如煤、石油、天然气等。新能源是指技术正在发展成熟、尚未大规模利用的能源,其外延根据不同时期和技术水平发展有所变化。全球有30个国家建立了核能发电系统,部分国家核能发电量达到国内总发电量的30%以上,这些国家的核能属于常规能源,而我国还没有实现核能的规模化利用,可仍将其视作新能源。根据当前我国能源状况,新能源包括太阳能、风能、生物质能、氢能、核能、地热能、海洋能、可燃冰等。

　　1. 太阳能

　　太阳能指太阳光的辐射能量,是人类最主要的可再生能源。每年太阳辐射到地球大陆上的能量约为8.5×10^{10}兆瓦,相当于1.7×10^{18}吨标准煤,远大于目前人类消耗的能量总和。利用太阳能的方法主要有太阳能发电和太阳能热利用。

截止到 2018 年底,全球太阳能发电装机容量 485.8 吉瓦,中国装机容量 175 吉瓦,占全球装机容量的 36%。2018 年我国光伏发电量 1 775 亿千瓦时,占我国总发电量的 2.54%,同比增长 50.2%。

2. 风能

风能是太阳辐射下空气流动所形成的,是太阳能的一种转化形式。风能蕴藏量大,估计全球风能储量为 5.3×10^{13} 千瓦时,为水能的 10 倍。即使有千万分之一的风能被利用,也可满足全球目前电能的总需求量。风能分布广泛,永不枯竭,对交通不便、远离主干电网的岛屿及边远地区尤为重要。

截止到 2018 年底,全球风力发电装机容量 568 吉瓦,中国装机容量 210.6 吉瓦,占全球装机容量的 37%,是世界上首个装机容量超过 200 吉瓦的国家。2018 年,我国风力发电量 3 660 亿千瓦时,占我国总发电量的 5.23%,同比增长 20.2%。

3. 生物质能

生物质能来源于生物质,它直接或间接地来源于植物的光合作用。地球每年经光合作用产生的物质有 1 730 亿吨,其中蕴含的能量相当于全世界能源消耗总量的 10~20 倍,但目前的利用率却不到 3%。生物质能的主要利用方式有直接燃烧利用、化学转化利用与生物转换利用等。生物质代煤发电是未来能源发展的一种选择。

在我国,生物质的利用既可以解决能源问题,又能解决我国的"三农"问题。应大力推动生物质能利用从原料和产品模式单一转向原料多元化、产品多样化以及多联产的循环经济梯级综合利用模式,因地制宜解决农村居民燃料、供热、取暖等问题。以生物质为核心,实现农村供能体系的多能协同。

截止到 2018 年底,全球生物质装机容量达 117.25 吉瓦,我国装机容量达 1 781 万千瓦。2018 年,我国生物质发电量达 906 亿千瓦,占我国总发电量 1.30%,同比增长 14%。

4. 氢能

氢能是未来最理想的二次能源。若以纯氢为燃料,其化学反应产物仅为水,从根本上消除了大气污染物的排放,可实现零排放。氢气燃烧热值高,是汽油的 3 倍、酒精的 3.9 倍、焦炭的 4.5 倍。经过几十年的发展,氢能在制取、储存、运输、应用等技术上取得了巨大的进步,氢燃料电池技术已经得到了广泛的应用,成为新能源汽车的重要组成部分。

21 世纪氢能有可能在世界能源舞台上成为一种举足轻重的能源。2018 年,我国的氢能产量约为 2 100 万吨。

5. 核能

核能(或称原子能)是通过核反应从原子核释放的能量。核能是人类最具希望的未来能源之一。人们开发核能的途径有两条:一是重元素的裂变,如铀的裂变,该途径已经得到实际性应用;二是轻元素的聚变,如氘、氚等,是目前正在积极研究的重要方向。

核能发电是核能最重要的应用,在技术成熟性、经济性、可持续性等方面具有很大的优势,同时相较于水电、光电、风电,具有无间歇性、受自然条件约束少等优点,是可以大规模替代化石能源的清洁能源。

　　截至 2019 年 3 月,全球有 449 座商用核动力反应堆在 30 个国家运行,全球发电总量中,核能发电比例为 10.4%。此外,全球还有大约 240 座研究堆运行在 56 个国家。180 座动力堆可以为大约 140 艘舰船、潜艇提供动力。

　　6. 地热能

　　地热能是来自地球内部重力分异、潮汐摩擦、化学反应和放射性元素衰变等释放的能量。地热能资源指陆地下 5 000 米深度内的岩石和水体的总含热量,据估算,全球 5 000 米以内地热资源量约为 14.5×10^{22} 千焦,相当于 4 900 万亿吨标准煤。此外,地热能具有分布广、洁净、热流密度大、使用方便等优点。

　　地热能的开发和利用可分为发电和非发电两个方面。高温地热资源(150 摄氏度以上)主要用于发电;中温(90~150 摄氏度)和低温(25~90 摄氏度)的地热资源以直接利用为主,多用于采暖、干燥、工业、农林牧副渔业、医疗、旅游及人民的日常生活等方面;25 摄氏度以下的浅层地热,可借助地源热泵用于供暖、制冷。随着近年来地源热泵的兴起,各国加快了地热的直接利用。

　　2009 年以来,全球地热发电累计装机容量逐年增长,但占可再生能源的比例仍然非常小。全球地热发电累计装机容量 2009 年为 9.77 吉瓦,2018 年增长至 13.28 吉瓦。

　　7. 海洋能

　　海洋能指蕴藏于海水中的各种可再生能源,包括潮汐能、波浪能、海流能、海水温差能、海水盐度差能等。海洋覆盖地球表面的 71%,是地球上最大的太阳能采集器,太阳辐射到地球表面的能量换算为电功率,约为 80 万亿千瓦,其中海洋每年吸收的太阳能相当于 37 万亿千瓦时,每平方千米大洋表面水层含有的能量相当于 3 800 桶石油燃烧释放的热量,因此海洋又被称为"蓝色油田"。

　　目前,海洋能主要用于发电。从当前技术发展角度来看,潮汐能发电技术最为成熟,已经进入商业开发阶段,已建成的法国郎斯电站、加拿大安纳波利斯电站、中国江厦电站均已运行多年。波浪能和海流能还处在技术攻关阶段,海上导航浮标和灯塔已经用波浪发电机供电照明,大型波浪发电机组也已问世。海水温差能还处于研究初期,目前仅美国建有一座用于技术探索的电站。

　　8. 可燃冰

　　可燃冰是天然气的水合物,是由天然气与水在高压、低温条件下形成的类冰状的结晶物质,分布于深海沉积物或陆域的永久冻土中。可燃冰海底分布面积占海洋总面积的 10%(相当于 4 000 万平方千米),其储量是全球已知煤炭、石油、天然气总量的 2 倍,约够人类使用 1 000 年。可燃冰的甲烷含量高达 80%~99.9%,可直接点燃,而且燃烧后几乎不产生任何残渣,比煤炭、石油、天然气的污染小得多。可燃冰被很多西方学者称为"21 世纪能源"或"未来新能源"。

　　目前可燃冰的开采还处于探索阶段,各国在可燃冰的开采问题上都非常谨慎,因为开采不当可能对气候、地质及生物产生不良影响。2017 年 5 月 18 日,国土资源部中国地质调查局宣布,我国在南海北部神狐海域进行的可燃冰试采获得成功,这也标志着我国成为全球第一个在海域可燃冰试开采中获得连续稳定产气的国家,为我国在 2030 年前进行天然气水合物商业开发打下了坚实的基础。

相比于传统能源,新能源普遍具有污染少、储量大的特点,对于解决当今世界严重的环境污染问题和资源枯竭问题具有重要意义。由于全球化石能源日渐枯竭,近年来国际石油价格不断上涨,环境问题日益严重,世界各国都把未来能源战略瞄准了新能源。世界各国对新能源支持力度不断加大,未来新能源产业在进入规模性生产后将带来能源价格的下降,与高价的石油、天然气等常规能源相比,新能源产业将彰显出强劲的竞争力。

1.2.2 我国新能源发展趋势

新能源是 21 世纪世界经济发展中最具决定力的技术领域之一。全球新能源产业发展势头强劲,其新增装机规模已超过传统化石能源,这标志着新旧能源交替的"拐点"正式来临。我国经济发展正处于弯道超车的重要阶段,破解新常态下传统能源产能过剩、可再生能源发展瓶颈制约、能源系统整体运行效率不高等突出问题,必须依赖新能源的创新发展,大力推进能源供给侧结构性改革。

1. 太阳能发展趋势

坚持技术进步、降低成本、扩大市场、完善体系。优化太阳能开发布局,优先发展分布式光伏发电,扩大"光伏 +"多元化利用,促进光伏规模化发展。稳步推进"三北"地区光伏电站建设,积极推动光热发电产业化发展。建立弃光率预警考核机制,有效降低光伏电站弃光率。2020 年,太阳能发电规模达到 1.1 亿千瓦以上,其中分布式光伏 6 000 万千瓦、光伏电站 4 500 万千瓦、光热发电 500 万千瓦,光伏发电力争实现用户侧平价上网。

2. 风电发展趋势

坚持统筹规划、集散并举、陆海齐进、有效利用。优化风电开发布局,逐步由以"三北"地区为主转向以中东部地区为主,大力发展分散式风电,稳步建设风电基地,积极开发海上风电。加大中东部地区和南方地区资源勘探开发,优先发展分散式风电,实现低压侧并网就近消纳。稳步推进"三北"地区风电基地建设,统筹本地市场消纳和跨区输送能力,控制开发节奏,将弃风率控制在合理水平。加快完善风电产业服务体系,切实提高产业发展质量和市场竞争力。2020 年,风电装机规模达到 2.1 亿千瓦以上,风电与煤电上网电价基本相当。

3. 核电发展趋势

安全高效发展核电,在采用我国和国际最新核安全标准、确保万无一失的前提下,在沿海地区开工建设一批先进的三代压水堆核电项目。加快堆型整合步伐,稳妥解决堆型多、堆型杂的问题,逐步向自主三代主力堆型集中。积极开展内陆核电项目前期论证工作,加强厂址保护。深入实施核电重大科技专项,开工建设 CAP1400 示范工程,建成高温气冷堆示范工程。加快论证并推动大型商用乏燃料后处理厂建设。适时启动智能小型堆、商业快堆、60万千瓦级高温气冷堆等自主创新示范项目,推进核能综合利用。2020 年,运行核电装机达到 5 800 万千瓦,在建核电装机达到 3 000 万千瓦以上。

4. 生物质能及其他能源发展趋势

积极发展生物质液体燃料、气体燃料、固体成型燃料。推动沼气发电、生物质气化发电,合理布局垃圾发电。有序发展生物质直燃发电、生物质耦合发电,因地制宜发展生物质热电联产。加快地热能、海洋能综合开发利用。2020 年,生物质能发电装机规模达到 1 500 万千瓦左右,地热能利用规模达到 7 000 万吨标煤以上。

【试一试】查找资料,正确理解并阐述新能源行业的发展对于我国社会主义建设和国家能源安全的重要性和必要性。

1.3 我国能源发展"十三五"规划

能源是人类社会生产发展的重要物资基础,攸关国计民生和国家战略竞争力。当前,世界能源格局深刻调整,供求关系总体缓和,应对气候变化进入新阶段,新一轮能源革命蓬勃兴起。我国经济发展步入新阶段,能源消费增速趋缓,发展质量和效率问题突出,供给侧结构性改革刻不容缓,能源转型变革任重道远。

1.3.1 我国能源发展基础与形式

1. 发展基础

在"十二五"时期,我国能源发展较快,有力保障了我国国民经济的快速增长,能源发展质量也有较大的提高,能源生产和利用的创新能力迈上新台阶,新技术、新产业、新业态和新模式不断涌现,我国的能源发展站到了转型变革的新起跑线上。

1)能源供给保障有力

到"十二五"时期末,我国的能源生产总量、电力装机规模以及发电量已经稳居世界第一,自 1949 年以来的能源保供压力已经基本缓解。全国已经建立了 14 个大型煤炭基地,建成 100 多个安全、高效、大型现代化煤矿。油气储采比稳中有升,经过测算我国石油可采资源量为 200 亿吨以上,目前年开采量已经超过 2 亿吨(目前我国石油年使用量已达到 3.8 亿吨)。常规天然气可采资源超过 50 万亿立方米。在世界 103 个产油国中,我国属于油气资源"比较丰富"的国家。我国跨区域远距离输电网建设成效显著,220 千伏及以上输电线路长度突破 60 万千米,西电东送能力达到 1.4 亿千瓦,资源跨区优化配置能力大幅提升。

2)结构调整步伐加快

2018 年,我国全年能源消费总量为 46.4 亿吨标准煤,同比增长 3.3%,清洁能源消费量占比提升到 22.1%。虽然全年中国消耗的煤炭高达 37.7 亿吨,但煤炭消费比重下降 1.4 个百分点,清洁化步伐不断加快。水电、风电、光伏发电装机规模和核电在建规模均居世界第一。非化石能源发电装机比例达到 35%,新增非化石能源发电装机的规模占世界的 40% 左右。图 1-4 为 2010—2018 年各类能源发电装机容量的变化。

3)节能减排成效显著

2018 年,我国 GDP 达到 90.03 万亿元,单位国内生产总值能耗下降 3.1%,二氧化碳排放强度比 2005 年下降 45.8%,已超额实现 2020 年二氧化碳排放强度下降 40%~45% 的目标。大气污染防治行动计划逐步落实,东部 11 个省(市)提前供应国五标准车用汽柴油,并出台了相应的激励政策。积极推动冬季北方室内供暖技术改造,逐步减少煤炭(锅炉)直接供暖,散煤治理步伐加快,煤炭清洁高效利用水平稳步提升。控制火力发电机组建设步伐,推动现役煤电机组全面采用脱硫煤,脱硝机组比例已经达到92%,煤电机组超低排放和节能改造工程在全国全面启动。

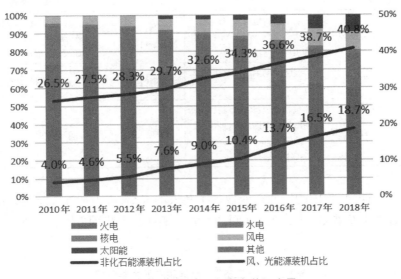

图 1-4　2010—2018 年发电装机容量

4)科技创新迈上新台阶

推动煤炭行业综合改革,关停小型煤炭企业,千万吨煤气综采积极采用智能无人采煤技术。提高原油采收率,使用综合采油技术和复杂区块油气综合开发。单机 80 万千瓦水轮机组、百万千瓦超临界燃煤机组、特高压输电等新技术新装备已经达到世界最高水平。核电站自主创新有了重大进展,三代核电"华龙一号"、四代安全特征高温气冷堆示范工程开工建设。深海油气钻探、页岩气开采取得突破,海上风电、低风速风电进入商业化运营,大规模储能、石墨烯材料等关键技术正在孕育突破。这些都进一步表明,我国的能源发展已经进入创新驱动的新阶段。

5)体制改革稳步推进

行政审批制度改革取得明显成效,积极推动了能源行业体制改革。电力体制改革也在不断深化,电力市场建设、交易机构组建、发用电计划放开、售电侧和输配电价改革等措施已经加快实施。油气体制改革稳步推进。电煤价格双轨制取消,煤炭资源税改革取得突破性进展,能源投资进一步向民间资本开放。

6)国际合作不断深化

长期以来,我国的能源有 50% 以上依赖进口,近几年来,我国与其他国家和地区的能源合作全面展开,中巴经济走廊能源合作深入推进,尤其是新能源项目,裘里斯坦沙漠上的中兴能源光伏发电站、阿拉伯海滨的大沃风电场等新能源项目逐步展开。建立了西北、东北、西南及海上四大油气进口通道,如表 1-4 所示。电力、油气、可再生能源和煤炭等领域技术、装备和服务合作成效显著。核电国际合作取得新进展,先后与巴基斯坦、阿根廷、沙特、美国、加纳、英国等开展新型核电站的建设等方面的合作。

表 1-4　我国四大油气进口通道

通道	连接国家	建设目的或油气来源	入境省区	供气区域
东北	俄罗斯	俄罗斯	黑龙江(黑河)	东北、环渤海、长三角地区
西北	哈萨克斯坦	石油来自里海沿岸;天然气源于乌兹别克斯坦和土库曼斯坦	新疆(独山子、霍尔果斯口岸等)	新疆、甘肃、宁夏、陕西、河南、安徽、湖北、江西、广西、广东、浙江、上海、香港、福建
西南	缅甸	缓解对马六甲海峡的依赖程度	云南(昆明)	云南、贵州、广西、珠三角地区
海上	各国	包括经马六甲海峡、中国南海运往中国的原油和液化天然气(liguefied natural gas,LNG)海运	多线	东南沿海

在"十二五"期间,我国的能源行业取得了骄人的成绩,有力地保障了经济的快速发展,新能源行业的快速发展是"十二五"期间的亮点。表 1-5 为我国"十二五"时期能源发展的主要成就。

表 1-5　"十二五"时期能源发展主要成就

指标	单位	2010 年	2015 年	年均增长率(%)
一次能源生产量	亿吨标准煤	31.2	36.2	3
其中:煤炭	亿吨	34.3	37.5	1.8
原油	亿吨	2	2.15	1.5
天然气	亿立方米	957.9	1 346	7.0
非化石能源	亿吨标准煤	3.2	5.2	10.2
电力装机规模	亿千瓦	9.7	15.3	9.5
其中:水电	亿千瓦	2.2	3.2	7.8
煤电	亿千瓦	6.6	9.0	6.4
气电	亿千瓦	2 642	6 603	20.1
核电	亿千瓦	1 082	2 717	20.2
风电	亿千瓦	2 958	13 075	34.6
太阳能发电	亿千瓦	26	4 318	178
能源消费总量	亿吨标准煤	36.1	43	3.6

2. 发展趋势

从国际角度看,我国的"十三五"时期,世界经济处在深度曲折调整阶段,国际能源格局正在发生重大变化,能源技术不断突破和创新,新能源逐渐取代传统能源已经成为历史趋势。围绕能源市场和创新变革的国际竞争仍然激烈,主要呈现以下五个趋势。

1)能源供需宽松化

自2012年以来,随着页岩油气技术的成熟,美国原油产量急剧增长,推动全球油气储量、产量大幅增加。液化天然气技术进一步成熟,降低了天然气运输成本,极大地推动了全球天然气贸易的持续增长,天然气贸易从区域化逐渐走向全球化。非化石能源快速发展,成为能源供应新的增长极。同时世界主要发达经济体和新兴经济体经济增长率下降,对于能源的需求的增速明显放缓,使全球能源供应能力充足。

2)能源格局多极化

发达国家能源消费基本趋于稳定,中国、印度等发展中国家能源消费继续保持较快增长,亚太地区能源消费增长迅速,世界能源消费重心加速东移。近几年来,美洲油气产能增长较快,成为国际油气新增产量的主要供应地区,传统的西亚地区油气供应的优势弱化,逐步形成西亚、中亚—俄罗斯、非洲、美洲多极发展新格局。

3)能源结构低碳化

能源结构低碳化是全球环境保护的需要,是减少全球极端天气、解决全球变暖问题的重要举措。随着人们环境保护意识的进一步加强,能源结构低碳化进程进一步加快,天然气和非化石能源逐渐成为世界能源发展的主要方向。2017年,世界一次能源消费总量为135.11亿吨油当量,天然气的消费占比已经达到23.36%,预计2030年前,世界天然气消费将以年均2%的速度增长。到2030年,天然气有望成为全球第一大能源品种。我国的天然气比重也在逐年增加,到2020年,我国的天然气消耗预计占能源消耗的10%。欧盟可再生能源消费比重已经达到15%,预计2030年将超过27%。

4)能源系统智能化

能源科技创新加速推进,新一轮能源技术变革方兴未艾,以智能化为特征的能源生产消费新模式开始涌现。随着分布式发电技术的成熟,智能微电网和智能电网得到了长足的发展。综合能源供给系统在工业园区、城镇社区、公用建筑和私人住宅开始应用,应用范围逐渐扩大。新能源汽车产业化进程加快,智慧能源新业态初现雏形。

5)国际竞争复杂化

能源的国际竞争焦点从传统的资源掌控权、能源战略运输通道控制权,开始向定价权、货币结算权、转型变革主导权扩展。能源生产国和消费国利益分化调整,传统与新兴能源生产国之间角力加剧,全球能源治理体系加速重构。

从国内的角度看,"十三五"时期是我国经济社会发展非常重要的时期。能源发展将呈现以下五个趋势。

1)能源消费增速明显回落

预计在未来五年内,传统耗能产业如钢铁、非铁金属、建材等的需求将达到峰值,能源消费也将稳定并趋于下降。在我国经济增速趋缓、经济结构转型升级等因素共同作用下,社会能源消费增速逐年下降,预计将从"十五"时期以来的年均9%下降到2.5%左右。

2)能源结构双重更替加快

"十三五"时期,是我国实现非化石能源消费比重达到15%目标的重要时期,也是为

2030年前后碳排放达到峰值奠定基础的关键期。2019年4月28日,电力规划设计总院发布的《中国能源发展报告2018》显示,我国2018年非化石能源消费比重提高至14.3%,2020年占比15%的目标完成在即。煤炭消费比重将进一步降低,非化石能源和天然气消费比重将显著提高,我国主体能源由油气替代煤炭、非化石能源替代化石能源的双重更替进程将加快推进。

3)能源发展动力加快转换

能源发展正在由主要依靠资源投入向创新驱动转变,科技、体制和发展模式创新将进一步推动能源清洁化、智能化发展,培育形成新产业和新业态。2019年6月22日发布的《世界能源蓝皮书:世界能源发展报告(2019)》显示,新时代下可再生能源发展"动力十足",不仅装机容量再创新高,发电成本快速下降,投资也呈现逆势回暖趋势。并且,可再生能源消费增速稳定,正在成为应对全球能源转型和气候变化的重要能源。能源消费结构也在发生变化,由传统高耗能产业转向第三产业、居民生活用能、现代制造业、大数据中心、新能源汽车等。

4)能源供需形态深刻变化

随着智能电网、分布式能源、低风速风电、太阳能新材料等技术的突破和商业化应用,能源供需方式和系统形态正在发生深刻变化。分布式供能系统将越来越多地满足新增用能需求,风能、太阳能、生物质能和地热能在新城镇、新农村能源供应体系中的作用凸显。

5)能源国际合作迈向更高水平

"一带一路"建设和国际产能合作的深入实施,推动我国能源领域在更大范围、更高水平和更深层次的开放交融,加强能源国际合作,形成了开放条件下的我国能源安全新格局。

3. 主要问题和挑战

目前,我国能源消费增长减速,保供压力得到明显缓解,供需宽松,能源的发展进入新的阶段。但是,我国能源领域的结构性、体制机制性等深层次矛盾依然存在,成为制约能源的可持续发展的重要因素。面向未来,我国能源发展既面临厚植发展优势、调整优化结构、加快转型升级的战略机遇期,也面临诸多矛盾交织、风险隐患增多的严峻挑战。主要表现在以下方面。

1)传统能源产能结构性过剩问题突出

由于历史原因,长期以来,我国的能源供给以煤炭为主,原煤产量在1949年仅为0.3亿吨,2018年达到36.8亿吨,比1949年增长121.7倍,年均增长7.2%。随着能源结构的调整,煤炭产能过剩,供求关系严重失衡。煤电是我国传统发电方式,60万千瓦及以下中小型机组目前还占60%左右,而且机组平均利用小时数明显偏低,并呈现下降趋势,导致设备利用效率低下、能耗和污染物排放水平大幅增加。到2018年底,我国炼油能力达到8.31亿吨/年,国内炼油能力至少过剩0.9亿吨/年,原油一次加工能力过剩,产能利用率不到70%。

2)可再生能源发展面临多重瓶颈

自2010年以来,我国的可再生能源得到高速发展,但是由于区域发电和用电不平衡以及电力系统调峰能力不足、调度运行和调峰成本补偿机制不健全,未能适应可再生能源大规模并网消纳的要求,部分地区弃风、弃水、弃光问题严重。如何利用风电和光伏发电技术进一步降低成本、加快建立分布式发展的机制,是可再生能源发展模式多样化的重要条件。

3）天然气消费市场亟须开拓

2018 年,我国天然气消费占比仅为 10%,天然气消费水平明显偏低。天然气供应能力不足与阶段性富余问题并存,如天然气供应管道不完善,管网密度低,储气调峰设施严重不足,输配成本偏高。市场快速应对机制不健全、不完善,国际市场低价天然气难以适时进口,天然气价格水平总体偏高,随着国内煤炭、石油价格下行,天然气价格竞争力被进一步削弱,天然气消费市场拓展受到制约。

4）能源清洁替代任务艰巨

由于我国能源消耗中,煤炭占终端能源消费比重超过 20%,高出世界平均水平 10 个百分点。“以气代煤”和“以电代煤”等替代成本高,在北方供暖季节,大量煤炭在小锅炉、小窑炉及家庭生活等领域散烧使用,污染排放非常严重。高品质清洁油品产能不足,利用率较低。

5）能源系统整体效率较低

目前,我国的电力、热力、燃气等不同供能系统相互独立,集成互补、梯级利用程度比较低。电力、天然气峰谷差逐渐增大,系统调峰能力严重不足,需求侧响应机制尚未充分建立,供应能力大都按照满足最大负荷需要设计,造成系统设备利用率持续下降。风电和太阳能发电主要集中在西北部地区,长距离大规模外送需配套大量煤电用以调峰,输送清洁能源比例偏低,系统利用效率不高。

6）跨省区能源资源配置矛盾凸显

能源资源富集地区延续大开发、多外送的发展惯性,而主要能源消费地区需求放缓,市场空间萎缩,更加注重能源获取的经济性与可控性,对接收区外能源的积极性逐渐降低。能源送收地区之间利益矛盾加剧,清洁能源在全国范围内优化配置受阻,部分跨省区能源输送通道面临低效运行甚至闲置的风险。

7）适应能源转型变革的体制机制有待完善

能源价格、税收、财政、环保等各种政策衔接协调不够,能源的市场体系建设滞后,市场配置资源的作用没有得到充分发挥。能源价格制度不完善,天然气、电力调峰成本补偿及相应价格机制缺乏,科学灵活的价格调节机制尚未完全形成,不能适应能源革命的新要求。

1.3.2　我国能源发展主要目标

顺应世界能源发展趋势,《能源发展“十三五”规划》指出,在此期间我国能源发展主要目标如下（表 1-6）。

（1）控制能源消费总量。能源消费总量控制在 50 亿吨标准煤以内,煤炭消费总量控制在 41 亿吨以内。全社会用电量预期为 6.8~7.2 万亿千瓦时。

（2）建立能源安全保障。能源自给率保持在 80% 以上,增强能源安全战略保障能力,提升能源利用效率,提高清洁能源替代水平。

（3）保障能源供应能力。保持能源供应稳步增长，国内一次能源生产量约40亿吨标准煤，其中煤炭39亿吨，原油2亿吨，天然气2 200亿立方米，非化石能源7.5亿吨标准煤。发电装机20亿千瓦左右。

（4）优化能源消费结构。非化石能源消费比重提高到15%以上，天然气消费比重力争达到10%，煤炭消费比重降低到58%以下。发电用煤占煤炭消费比重提高到55%以上。

（5）提高能源系统效率。单位国内生产总值能耗比2015年下降15%，煤电平均供电煤耗下降到每千瓦时310克标准煤以下，电网线损率控制在6.5%以内。

（6）减少能源碳排放。单位国内生产总值二氧化碳排放比2015年下降18%。能源行业环保水平显著提高，燃煤电厂污染物排放显著降低，具备改造条件的煤电机组全部实现超低排放。

（7）提高能源普遍服务。能源公共服务水平显著提高，实现基本用能便利化，城乡居民人均生活用电水平差距显著缩小。

表1-6　"十三五"时期能源发展主要指标

类别	指标	单位	2015 年	2020 年	年均增长率（%）
能源总量	一次能源生产量	亿吨标准煤	36.2	40	2.0
	电力装机总量	亿千瓦	15.3	20	5.5
	能源消费总量	亿吨标准煤	43	<50	<3.1
	煤炭消费总量	亿吨原煤	39.6	41	0.7
	全社会用电量	万亿千瓦时	5.69	6.8~7.2	3.6~4.8
能源安全	能源自给率	%	84	>80	—
能源结构	非化石能源装机比重	%	35	39	（4）
	非化石能源发电量比重	%	27	31	（4）
	非化石能源消费比重	%	12	15	（3）
	天然气消费比重	%	5.9	10	（4.1）
	煤炭消费比重	%	64	58	（-6）
	电煤占煤消费比重	%	49	55	（6）
能源效率	单位国内生产总值能耗降低	%	—	—	（15）
	煤电机组供电煤耗	克标准煤/千瓦时	318	<310	—
	电网线损率	%	6.64	<6.5	—
能源环保	单位国内生产总值二氧化碳排放降低	%	—	—	（18）

1.3.3　我国能源发展的主要任务

《能源发展"十三五"规划》指出，在此期间我国能源发展主要任务如下。

1）高效智能，着力优化能源系统

以提升能源系统综合效率为目标，优化能源开发布局，加强电力系统调峰能力建设，实施需求侧响应能力提升工程，推动能源生产供应集成优化，构建多能互补、供需协调的智慧能源系统。

2）节约低碳，推动能源消费革命

坚持节约优先，强化引导和约束机制，抑制不合理能源消费，提升能源消费清洁化水平，逐步构建节约、高效、清洁、低碳的社会用能模式。

3）多元发展，推动能源供给革命

推动能源供给侧结构性改革，以五大国家综合能源基地为重点优化存量，把推动煤炭等化石能源清洁高效开发利用作为能源转型发展的首要任务；同时大力拓展增量，积极发展非化石能源，加强能源输配网络和储备应急设施建设，加快形成多轮驱动的能源供应体系，着力提高能源供应体系的质量和效率。

4）创新驱动，推动能源技术革命

深入实施创新驱动发展战略，推动大众创业、万众创新，加快推进能源重大技术研发、重大装备制造与重大示范工程建设，超前部署重点领域核心技术集中攻关，加快推进能源技术革命，实现我国从能源生产消费大国向能源科技装备强国的转变。

5）公平效能，推动能源体制革命

坚持市场化改革方向，理顺价格体系，还原能源商品属性，充分发挥市场配置资源的决定性作用和更好地发挥政府作用，深入推进能源重点领域和关键环节改革，着力破除体制机制障碍，构建公平竞争的能源市场体系，为提高能源效率、推进能源健康可持续发展营造良好制度环境。

6）互利共赢，加强能源国际合作

统筹国内国际两个大局，充分利用两个市场、两种资源，全方位实施能源对外开放与合作战略，抓住"一带一路"建设重大机遇，推动能源基础设施互联互通，加大国际产能合作，积极参与全球能源治理。

7）惠民利民，实现能源共享发展

全面推进能源惠民工程建设，着力完善用能基础设施，精准实施能源扶贫工程，切实提高能源普遍服务水平，实现全民共享能源福利。

【试一试】查找资料，结合十九大报告中提到的中国特色社会主义进入新时代，我国社会主要矛盾发生变化，理解并阐述能源行业的发展对于新时代发展的重要性。

正确解读能源相关新闻，并尝试编写、制作和讲解新闻背后的故事。

第 2 章　常规能源

【知识目标】

1. 了解煤炭、石油、天然气等常规化石能源的形成、分类、开采方法和常见的利用方法。
2. 了解我国煤炭、石油、天然气资源的分布。
3. 了解清洁能源之一的水能的分类、利用情况。
4. 了解我国水能资源的分布。

【能力目标】

1. 能够正确理解并解读煤炭在我国能源战略中的地位和作用。
2. 能够正确解读石油被称为工业的血液的重要原因。
3. 能够正确解读天然气在我国能源战略中的重要地位。
4. 能够简单概述我国水能资源的利用情况。

常规能源,也叫传统能源,是指人类已经大规模生产和广泛使用的能源,如煤炭、石油、天然气、水能等。其中煤炭、石油、天然气属于一次性非再生的常规能源,它们是在地壳中经千百万年形成的,这些能源短期内不可再生。

2.1　煤炭

煤炭是一种可燃烧的黑色或棕黑色沉积岩,是由古代植物埋藏在地下,经历了复杂的生物、化学和物理变化逐渐形成的固体可燃性矿物。煤炭被人们誉为"黑色的金子""工业的食粮",它是 18 世纪以来人类世界使用的主要能源之一,也是我国目前使用的最主要的能源。煤炭的供应关系到我国的工业乃至整个社会的发展和稳定。

煤炭的化学组成很复杂,可分为有机质和无机质,以有机质为主;有机质主要有碳、氢、氧、氮、硫等五种元素。另外还有一些稀有、分散和放射性元素,例如锗、镓、铟、钍、钒、钛、铀等,它们分别以有机或无机化合物的形态存在于煤炭中。

2.1.1　煤炭的形成(图 2-1)

在显微镜下还可以发现煤炭中有由植物细胞组成的孢子、花粉等,在煤层中还发现有植物化石。所有这些都可以证明煤炭是由植物遗体堆积而成的,即煤炭是千百万年来植物的枝叶和根茎在地面上堆积而成的一层极厚的黑色的腐殖质,由于地壳的变动不断被埋入地下,长期与空气隔绝,并在高温、高压下经过一系列复杂的物理、化学变化过程,形成的黑色可燃性沉积岩。可见,煤炭是由植物的残骸经过复杂的生物化学作用和物理化学作用转变而成的,这个转变过程叫作植物的成煤作用。一般认为,成煤过程分为两个阶段:泥炭化阶段和煤化阶段。前者主要是生物化学过程,后者主要是物理化学过程。

　　温度对于在成煤过程中的化学反应起着决定性的作用。随着地层的加深,地温的升高,煤炭的变质程度也逐渐加深。高温作用的时间越长,煤炭的变质程度越高,反之亦然。在温度和时间的同时作用下,煤炭的变质过程基本上是化学变化过程。在其变化过程中所进行的化学反应是多种多样的,包括脱水、脱羧、脱甲烷、脱氧和缩聚等。

　　压力也是煤形成过程中的一个重要因素。随着煤化过程中压力的升高和气体的析出,反应速度会越来越慢,但却能促使在煤化过程中煤质的物理结构发生变化,能够减少低变质程度煤的孔隙率和水分,并增加密度。

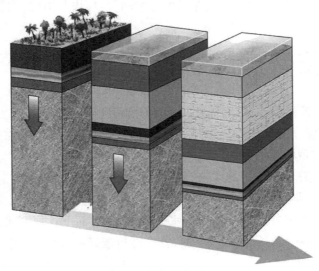

图 2-1　煤炭的形成

　　地球经历了不同的地质年代,随着气候和地理环境的改变,生物也在不断地发展和演化。就植物而言,从无生命一直发展到被子植物,这些植物在相应的地质年代中形成了大量的煤炭。在整个地质年代中,在全球范围内有三个大的成煤期。

　　(1)古生代的石炭纪和二叠纪,该时期的成煤植物主要是孢子植物,主要煤种为烟煤和无烟煤。

　　(2)中生代的侏罗纪和白垩纪,该时期的成煤植物主要是裸子植物,主要煤种为褐煤和烟煤。

　　(3)新生代的第三纪,该时期的成煤植物主要是被子植物,主要煤种为褐煤,其次为泥炭,也有部分年轻烟煤。

2.1.2　煤炭的分类

　　根据煤炭的炭化程度不同进行分类,煤炭可以依次分为泥炭、褐煤(棕褐煤、黑赫煤)、烟煤(生煤)、无烟煤、亚煤(褐煤的一种,是日本的特有分类)。无烟煤炭化程度最高,泥炭炭化程度最低。

根据煤炭中岩石结构的不同进行分类,其可以分为烛煤、丝炭、暗煤、亮煤和镜煤。含有95%以上镜质体的为镜煤,其表面光亮,结构坚实;含有镜质体和亮质体的为亮煤;含粗粒体的为暗煤;含丝质体的为丝炭;由许多小孢子形成的微粒体组成的为烛煤。

根据煤中含有的挥发性成分(以下简称"挥发分")多少来分类,其可以分为贫煤(无烟煤,含挥发分低于12%)、瘦煤(含挥发分为12%~18%)、焦煤(含挥发分为18%~26%)、肥煤(含挥发分为26%~35%)、气煤(含挥发分为35%~44%)和长焰煤(含挥发分超过42%)。其中焦煤和肥煤最适合用于炼焦炭,挥发分过低不黏结,过高会膨胀,都无法用于炼焦,但一般炼焦要将多种煤配合。

按终端用途来分类,一般生产的煤炭可分为两种:焦煤与电煤,均属于广义范围的烟煤与次烟煤。

2.1.3　煤炭的开采

根据煤层赋存条件的多样性,需要采用不同的采煤方法和采煤工艺进行开采。根据煤层的赋存状况(厚度、埋藏深度等)和开采技术条件,煤炭的开采可以分为露天开采(埋藏较浅)和矿井开采(埋藏较深)两种方式。

露天开采是人类最早使用的矿物开采方式。首先移走煤层上覆盖的岩石及其他覆盖物,使煤敞露地表而进行开采。其中移去土壤和岩石的过程称为剥离,采出煤炭的过程称为采煤。露天采煤通常将井田划分为若干水平分层,自上而下逐层开采,在空间上形成阶梯状。这种开采方法的劳动条件好,效率高,安全性也较高,是目前我国着重发展的煤炭开采方法。

露天煤矿的开采(图2-2)会严重破坏生态环境。开采过程中占用并破坏土地、污染水资源,生物多样性也会遭到损害。在露天开采结束后,须进行土地绿化,复垦恢复生态系统,调整生态结构,稳固水土以改善自然环境,这是生产建设方必须承担的社会责任和必须遵守的原则。

图 2-2　露天开采

矿井开采（图 2-3）也叫井下开采，是对埋藏过深的煤炭的一种开采方式。井下开采技术必须根据煤矿地质和煤层分布的情况，提前制定好开采方案，确定设备的应用和支护方式。可用三种方法打开通向煤层的通道，即竖井、斜井和平硐。竖井是一种从地面开掘以提供到达某一煤层或某几个煤层的通道的垂直井。从一个煤层下掘到另一个煤层的竖井称盲井。在井下，开采出的煤倒入竖井旁侧位于煤层水平以下的煤仓中，再装入竖井箕斗从井下提升上来。斜井是用来开采非水平煤层或是从地面到达某一煤层或多煤层之间的一种倾斜巷道。斜井中装有用来运煤的带式输送机，人员和材料用轨道车辆运输。平硐是一种水平或接近水平的隧道，开掘于水平或倾斜煤层在地表的露出处，常随着煤层开掘，它允许采用任何常规方法将煤从工作面连续运输到地面。

图 2-3　矿井开采

2.1.4　煤炭的利用

煤炭的用途（表 2-1）十分广泛，可以根据其使用目的将其总结为两类：动力煤、炼焦煤。

1. 动力煤

发电用煤：中国约 1/3 以上的煤用来发电，平均发电耗煤为 370 克标准煤/千瓦时左右。电厂利用煤的热值，把热能转变为电能。

蒸汽机车用煤：占动力用煤量 3% 左右，蒸汽机车锅炉平均耗煤指标为 100 千克/（万吨·千米）左右。

建材用煤：约占动力用煤量的 13% 以上，以生产水泥用煤量最大，其次为玻璃、砖、瓦等。

一般工业锅炉用煤：除热电厂及大型供热锅炉外，一般企业及取暖用的工业锅炉型号繁多，数量大且分散，用煤量约占动力煤量的 26%。

生活用煤：生活用煤的数量也较大，约占动力用煤量的 23%。

冶金用动力煤:冶金用动力煤主要为烧结和高炉喷吹用无烟煤,其用量不到动力用煤量的 1%。

2. 炼焦煤

炼焦煤的主要用途是炼焦炭,焦炭由焦煤或混合煤高温冶炼而成,一般 1.3 吨左右的焦煤才能炼 1 吨焦炭。焦炭多用于炼钢,是钢铁等行业的主要生产原料,被称为钢铁工业的"基本食粮"。

表 2-1　煤炭的产品和产品用途

煤	出炉煤气	焦炉气	氢气、甲烷、乙烯、一氧化碳、气体燃料等	
		粗氨水	氨和铵盐	氮肥
		粗苯	苯、甲苯、二甲苯	炸药、农药、医药等
	煤焦油	沥青	筑路材料、电极	
		酚类	染料、农药、医药、合成材料	
		苯、甲苯等	染料、农药、医药、合成材料	
	焦炭		冶金、电石、合成氨造气、燃料等	

2.1.5　我国煤炭资源的分布

我国煤炭资源丰富,已经查证的煤炭储量达到 7 241.16 亿吨,其中生产和在建已占用储量为 1 868.22 亿吨,尚未利用储量达 4 538.96 亿吨,除上海以外其他各省区均有分布,但分布极不均衡。在我国北方的大兴安岭—太行山、贺兰山之间的地区,地理范围包括煤炭资源量大于 1 000 亿吨以上的内蒙古、山西、陕西、宁夏、甘肃、河南六省区的全部或大部,是中国煤炭资源集中分布的地区,其资源量占全国煤炭资源量的 50% 左右,占中国北方地区煤炭资源量的 55% 以上。在中国南方,煤炭资源量主要集中于贵州、云南、四川三省,这三省煤炭资源量之和为 3 525.74 亿吨,占中国南方煤炭资源量的 91.47%;探明保有资源量也占中国南方探明保有资源量的 90% 以上。

【试一试】在我国,以出产煤炭而著名的是哪个省?

2.2　石油

石油是一种黏稠的、深褐色液体,被称为"工业的血液",是各种烷烃、环烃、芳香烃的混合物。它是当今世界的主要能源物质,是优质动力燃料的原料,更是国家生存和发展不可或缺的战略资源,对保障国家经济和社会发展以及国防安全有着不可估量的作用。

2.2.1　石油的形成

对于石油的形成有着不同的观点,大致可以分为生物成油理论和非生物成油理论。大多数地质学家认为石油是古代有机物通过漫长的压缩和加热后逐渐形成的。研究表明,石油的形成(图 2-4)至少需要 200 万年的时间,在现今已发现的油藏中,时间最老的达数亿年之久。

在地球不断演化的漫长历史过程中,在古生代和中生代等特殊的时期,大量的植物和动物死亡后,构成其身体的有机物质不断分解,与泥沙或碳酸质等物质混合形成沉积层。经过几亿年的时间,沉积物不断地堆积加厚,随着温度和压力的上升,这种过程不断进行,沉积层变为沉积岩,进而形成沉积盆地,这就为石油的形成提供了基本的地质环境。被埋在厚厚的沉积岩中的有机物,经过漫长的地质年代与淤泥混合,在地下的高温和高压下逐渐转化,先形成腊状的油页岩,后来逐渐退化成液态或气态的碳氢化合物。这些碳氢化合物比附近的岩石轻,它们向上渗透到附近的岩层中,直到渗透到上面紧密无法渗透的、本身则多孔的岩层中,聚集到一起的石油形成油田。

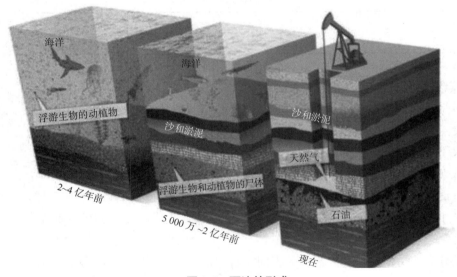

图 2-4　石油的形成

关于石油的形成过程,还有其他的理论,比如非生物成油理论。这个理论是天文学家托马斯·戈尔德在俄罗斯石油地质学家尼古莱·库德里亚夫切夫的理论的基础上发展而来的。该理论认为在地壳内已经存在很多碳,有些碳自然地以碳氢化合物的形式存在。碳氢化合物比岩石空隙中的水轻,因此沿岩石缝隙向上渗透。石油中出现生物标志物是由居住在岩石中的、喜热的微生物导致的,与石油本身并无关系。

美国在 2003 年做的一项研究表明,有不少枯干的油井在弃置一段时间之后,仍然能够开采石油。因此石油可能并不是生物生成的矿物,而是碳氢化合物在地球内部经过放射线作用以后的产物。

2.2.2　石油的分类

石油的分类方法主要有以下几种。

1. 工业分类法

在工业上通常按石油的相对密度将其分为四类,如表 2-2 所示。

表 2-2　石油的工业分类

相对密度	<0.83	0.83~0.904	0.904~0.966	>0.966
工业分类	轻质石油	中质石油	重质石油	特重质石油

2. 商品分类法

1)按含硫量分类

按含硫量的不同,石油可以分为三类,如表 2-3 所示。

表 2-3　石油按含硫量不同分类

含硫量(%)	<0.5	0.5~2.0	>2.0
分类	低硫石油	含硫石油	高硫石油

2)按含蜡量分类

一般是在石油中取出一种馏分,其黏度值为 53 平方毫米/秒(50 摄氏度),然后测其凝点。当凝点低于 -6 摄氏度时,称为低蜡石油;当凝点在 -15~-20 摄氏度时,称为含蜡石油;当凝点大于 21 摄氏度时,称为多蜡石油。

3)按含胶质含量分类

以重油(沸点高于 300 摄氏度的馏分)中胶质含量来分。胶质含量小于 17% 的称为低胶质石油;含胶质量在 18%~35% 的,称为含胶质石油;含胶质量大于 35% 的称为多胶质石油。

3. 化学分类法

化学分类法是根据特性因素值的不同对石油进行分类,如表 2-4 所示。

表 2-4　石油的化学分类

特性因素值	>12.15	11.5~12.15	10.5~11.5
分类	石蜡基石油	中间基石油	环烷基石油
特点	含较多石蜡,凝点高	含一定数量烷烃、环烷烃与芳香烃	含较多环烷烃、凝点低

2.2.3　石油的开采

很早以前,人们用最简单的提捞方式来开采石油,就像用吊桶在水井中提水一样,用绞车把石油从油井中提取上来。这种方法只适用于油层非常浅、压力很小、产量很低的油井。如 1907 年中国延长油矿的延 1 井(图 2-5),井深 81 米,日产油 1~1.5 吨。1911 年打的延 2 井,井深 157 米,日产油 100 千克。当时,石油都是人们用转盘绞车从油井中提捞上来的。

图 2-5　中国陆上第一口油井——延 1 井

随着石油工业的发展,越来越多产量高、埋藏很深的油田被发现,原始人工提捞的方法无法在这些油井上使用,所以这种方法逐渐被淘汰,自喷采油和各种人工举升采油的方法应运而生。

一口油井用钻井的方法钻孔,下入的钢管连通到油层后,石油就会像喷泉那样,沿着油井的钢管自动向地面喷射。油层内的压力越大,喷出来的油就越快越多。这种靠油层自身的能量将石油举升到地面的能力,称为自喷,这种开采石油的办法称为自喷采油,常在油井开发的初期使用。

随着油田的不断开发,地层能量逐渐消耗,油井最终会停止自喷。由于地层的地质特点不同,有的油井一开始就不能自喷。对于上述不能自喷的油井,必须用人工举升的方法给油流补充能量,将井底的石油采出来。该方法可分为气举法和抽油法两大类。

1. 气举法

气举法是指地层尚有一定能量,能够把油气驱动到井底,但地层供给的能量不足以把石油从井底举升到地面上,需要人为地把气体注入井底,将石油举升出地面的采油方式。它的举升原理和自喷井相似,通过向油套环空注入高压气体,并通过油管上的多组气举阀在不同压力、不同井段时让一部分气体进入油管,用以降低井筒中液体的密度,在井底流动压力的作用下,将液体排出井口。同时,在井筒上升的过程中,注入的高压气体体积逐渐增大,气体的膨胀功对液体也产生携带作用。

2. 抽油法

抽油法主要用于深井泵采油,可分为有杆泵采油和无杆泵采油两大类(图2-6)。

图2-6　石油的开采

1)有杆泵采油

有杆泵采油是指抽油机通过下入井中的抽油杆,带动井下抽油泵的活塞做上下往复运动,把油抽汲到地面的采油方法。这种方法使用最多,大约占世界上使用人工举升采油总井数的80%~90%。

2)无杆泵采油

无杆泵采油是指不用抽油杆传递动力,而是用电动机、高压液体等驱动井下泵,即用特殊的抽油泵如电动潜油离心泵、螺杆泵、射流泵、水力活塞泵开采石油,分别称电动潜油离心泵采油、螺杆泵采油、射流泵采油、水力活塞泵采油。

2.2.4　石油的利用

1. 石油的早期利用

早在公元前10世纪,古埃及、古巴比伦和古印度等文明古国已经开始采集天然沥青,用于建筑、防腐、黏合、装饰、制药。古埃及人甚至能估算油苗中渗出石油的数量。

公元5世纪,在波斯帝国的首都苏萨附近出现了人类用手工挖成的石油井。

公元7世纪,拜占庭人将石油和石灰混合,点燃后用弓箭远射,或用手投掷,以攻击敌人的船只。阿塞拜疆的巴库地区有丰富的油苗和气苗。这里的居民很早就从油苗处采集石油作为燃料,或用于医治骆驼的皮肤病。

中世纪以来,就有关于石油从地面渗出的记载(欧洲从德国的巴伐利亚、意大利的西西里岛和波河河谷,到波兰的加利西亚、罗马尼亚)。19 世纪 40 至 50 年代,利沃夫的一位药剂师在一位铁匠的帮助下,做出了煤油灯。1854 年,灯用煤油已经成为维也纳市场上的商品。1859 年,欧洲开采了 36 000 桶石油,这些石油主要产自加利西亚和罗马尼亚。

中国也是世界上最早发现和利用石油的国家之一。东汉的班固(公元 32—92 年)所著《汉书》中记载了"高奴县有洧水可燃"。到公元 863 年前后,唐朝段成式的《酉阳杂俎》记载了"高奴县石脂水,水腻浮水上如漆。采以膏车及燃灯,极明"。西晋《博物志》《水经注》都记载了甘肃酒泉延寿县南山出泉水。北宋的科学家沈括在书中读到过"高奴县有洧水可燃"这句话,考察中,沈括发现了一种褐色液体,当地人叫它"石漆""石脂""脂水",用它烧火做饭、点灯和取暖。沈括弄清楚了这种液体的性质和用途,给它取了一个新名字,叫石油。到了元朝,《元一统志》记述:"延长县南迎河有凿开石油一井,其油可燃,兼治六畜疥癣,岁纳壹佰壹拾斤。又延川县西北八十里永平村有一井,岁纳四百斤,入路之延丰库。"还说,"石油,在宜君县西二十里姚曲村石井中,汲水澄而取之,气虽臭而味可疗驼马羊牛疥癣"。说明约 800 年前,陕北已经正式开始了手工挖井采油,其用途已扩大到治疗牲畜皮肤病,而且由官方收购入库。

2. 石油的现代利用(图 2-7)

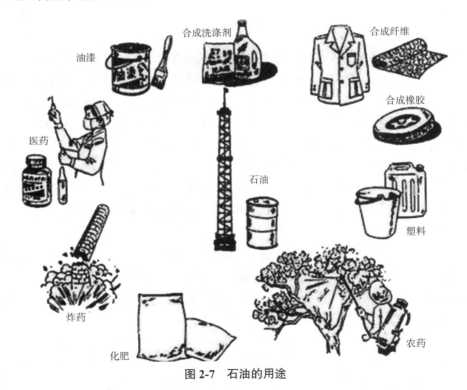

图 2-7　石油的用途

石油开采上来后,经过脱盐、除水、除酸、除杂质后送到炼油厂进行加工,这就是炼油。在炼油厂不仅可炼成汽油、柴油、煤油、润滑油、凡士林、石蜡、沥青等,同时还可以从石油中分离出苯、甲苯、二甲苯、乙烯、苯乙烯、丙烯等有机化工原料,将结构类似的物质分门别类地

"挑"出来放在不同的存储罐里,经过再加工形成其他产品。这些日常生活中不常见到的化工原料被运到化工厂,加工后生产出合成树脂、合成橡胶、合成纤维等,再运到相应的工厂(电子厂、手机生产厂、塑料厂、电脑厂等)与其他零件搭配后,可生产出生活中经常接触到的电视机外壳、冰箱外壳、塑料瓶、塑料管道、塑料袋、塑料桶、盆、电线电缆、手机外壳等。

2.2.5 我国石油资源的分布

我国的石油资源集中分布在渤海湾、松辽、塔里木、鄂尔多斯、准噶尔、珠江口、柴达木和东海陆架八大盆地等。从资源深度分布看,我国可采石油资源有 80% 集中分布在浅层(<2 000 米)和中深层(2 000~3 500 米),而深层(3 500~4 500 米)和超深层(>4 500 米)分布较少;从地理环境分布看,我国可采石油资源有 76% 分布在平原、浅海、戈壁和沙漠等环境中;从资源品级看,我国可采石油资源中优质资源占 63%,低渗透资源占 28%,重油占 9%。截至 2017 年底,全国石油累计探明地质储量 389.65 亿吨,剩余技术可采储量 35.42 亿吨,剩余经济可采储量 25.33 亿吨。

自 20 世纪 50 年代初期以来,我国先后在 82 个主要的大中型沉积盆地开展了油气勘探工作,发现油田 500 多个,如大庆油田、胜利油田、克拉玛依油田、塔里木油田等。

1. 东北地区

1)大庆油田

大庆油田位于黑龙江省西部,松嫩平原中部,地处哈尔滨、齐齐哈尔市中间。油田南北长 140 千米,东西最宽处 70 千米,总面积 5 470 平方千米。1960 年 3 月,党中央批准开展石油会战;1963 年,达到了 600 万吨的生产能力,当年生产石油 439 万吨,对实现中国石油自给自足起到了决定性作用。1976 年,大庆油田石油产量突破 5 000 万吨,成为我国第一大油田。大庆油田累计探明石油地质储量 56.7 亿吨,截至 2017 年 12 月 31 日,大庆油田全年生产原油 3 952.027 9 万吨,其中,国内产量 3 400.027 9 万吨,海外权益产量 552 万吨,生产天然气 40.132 1 亿立方米,全年油气当量达到 4 271.805 6 万吨。《大庆油田振兴发展纲要》提出,到 2019 年,油气产量当量保持在 4 000 万吨以上,到 2030 年达到 4 500 万吨。

2)胜利油田

该油田地处山东北部、渤海之滨的黄河三角洲地带,主要分布在东营、滨洲、德洲、济南、潍坊、淄博、聊城、烟台等 8 个城市的 28 个县(区)境内。截至 2017 年底,胜利油田累计探明石油地质储量 53.87 亿吨,探明天然气地质储量 2 676.1 亿立方米,生产原油 10.87 亿吨。

3)辽河油田

辽河油田是全国最大的稠油、高凝油生产基地,主要分布在辽河中上游平原以及内蒙古东部和辽东湾滩海地区。目前,已开发建设 26 个油田,建成兴隆台、曙光、欢喜岭、锦州、高升、沈阳、茨榆坨、冷家、科尔沁 9 个主要生产基地,地跨辽宁省和内蒙古自治区的 13 个市(地)32 个县(旗),总面积 10 万平方千米。2017 年,该油田的原油生产能力为 1 000 万吨,天然气生产能力为 7 亿立方米。

4）吉林油田

吉林油田地处吉林省扶余地区,油气的勘探、开发在吉林省境内的两大盆地展开。截至 2017 年底,先后发现并探明了 18 个油田,其中扶余、新民两个油田是储量超亿吨的大型油田,油田原油年产量达到 350 万吨以上,形成了原油加工能力达 70 万吨的特大型企业的生产规模。

2. 华北地区

1）华北油田

华北油田位于河北省中部冀中平原的任丘市。1975 年,冀中平原上的一口探井喷出日产千吨高产工业油流,成为我国最大的碳酸盐岩任丘油田。1978 年,华北油田石油产量达到 1 723 万吨,为当年全国石油产量突破 1 亿吨作出了重要贡献。到 1986 年,华北油田保持石油年产量 1 000 万吨达 10 年之久。2012 年,该油田的石油产量约为 400 多万吨。2017 年底,该油田的年原油生产能力达 450 多万吨,天然气生产能力达 6 亿多立方米。

2）中原油田

中原油田地处河南省濮阳地区,于 1975 年发现,经过 20 年的勘探开发建设,已累计探明石油地质储量 4.55 亿吨,探明天然气地质储量 395.7 亿立方米,累计生产石油 7 723 万吨、天然气 133.8 亿立方米。中原油田现已是我国东部地区重要的石油、天然气生产基地之一。

3）河南油田

河南油田地处豫西南的南阳盆地,矿区横跨南阳、驻马店、平顶山、禹州四地（市）,分布在新野、唐河、禹州等 8 个县境内,已累计找到 14 个油田,探明石油地质储量 1.7 亿吨,含油面积 117.9 平方千米。

3. 西北地区

1）克拉玛依油田

克拉玛依油田地处新疆克拉玛依市。40 年来,在准噶尔盆地和塔里木盆地找到了 19 个油气田,以克拉玛依为主,开发了 15 个油气田,具有 792 万吨石油配套生产能力（其中稀油 603.1 万吨,稠油 188.9 万吨）,从 1990 年起,该石油田陆上石油产量居全国第四位。2017 年 11 月,准噶尔盆地玛湖地区发现 10 亿吨级砾岩油田。预计到 2020 年,油田的原油产量可以在目前基础上上升到 1 300 万吨,油气当量达到 1 500 万吨。

2）塔里木油田

塔里木油田位于新疆南部的塔里木盆地,东西长 1 400 千米,南北最宽为 520 千米,总面积 56 万平方千米,是我国最大的内陆盆地。该盆地中部是号称"死亡之海"的塔克拉玛干大沙漠。1988 年,在轮南 2 井喷出高产油气流后,经过 7 年的勘探,已探明 9 个大中型油气田、26 个含油气构造,累计探明油气地质储量 3.78 亿吨,具备年产 500 万吨石油、100 万吨凝析油、25 亿立方米天然气的资源保证。2017 年上半年,塔里木油田提出了"到 2020 年高质量高水平高效益建成 3 000 万吨世界一流大油气田"的目标。不止如此,该油田还设立了年产气 300 亿立方米,保持年 600 万吨原油稳产的目标。

3）吐哈油田

吐哈油田位于新疆吐鲁番、哈密盆地境内,负责吐鲁番、哈密盆地的石油勘探。盆地东西长 600 千米、南北宽 130 千米,面积约 5.3 万平方千米。我国于 1991 年 2 月全面展开吐哈石油勘探开发会战。截至 1995 年底,共发现鄯善、温吉桑等 14 个油气田和 6 个含油气构造;探明含油气面积 178.1 平方千米,累计探明石油地质储量 2.08 亿吨、天然气储量 731 亿立方米。

4)玉门油田

玉门油田位于甘肃玉门市境内,总面积为 114.37 平方千米。该油田于 1939 年投入开发,1959 年,生产石油曾达到 140.29 万吨,占当年全国石油产量的 50.9%,创造了 20 世纪 70 年代 60 万吨稳产 10 年和 80 年代 50 万吨稳产 10 年的优异成绩,被誉为中国石油工业的摇篮。2017 年,玉门油田原油产量完成 40.00 万吨,原油加工量完成 200.93 万吨,获得利润 4.24 亿元,发电量 58 903 万千瓦时,供电量 55 114 万千瓦时。

5)长庆油田

长庆油田勘探区域主要在陕甘宁盆地,勘探总面积约 37 万平方千米。该油田的油气开发始于 1970 年,先后找到了油气田 22 个,其中油田 19 个,累计探明油气地质储量 54 188.8 万吨(含探明天然气储量 2 330.08 亿立方米)。长庆油田已成为我国主要的天然气产区,并成为北京天然气的主要输送基地。长庆油田已成为我国重要能源基地和油气生产主战场。截至 2017 年底,长庆油田已累计探明石油地质储量超 48 亿吨,连续 7 年新增石油探明储量超 3 亿吨,并新发现了宜川、黄龙两个气田,有力地支撑了中国石油储量工程。

4. 西南地区

四川油田地处四川盆地,已有 60 年的历史,目前在该地区发现油田 12 个。在盆地内建成南部、西南部、西北部、东部 4 个气区。生产天然气产量占全国总量近一半,是我国第一大气田。截至 2017 年底,盆地内天然气资源量 7.2 万亿立方米,是全国最大的天然气工业基地,中国首个天然气产量超百亿立方米气区。

5. 中南地区

江汉油田是我国中南地区重要的综合型石油基地。该油田主要分布在湖北省境内的潜江、荆沙等 7 个市(县)和山东省寿光市、广饶县以及湖南省境内的衡阳市。我国在该地区先后发现 24 个油气田,探明含油面积 139.6 平方千米,含气面积 71.04 平方千米,累计生产石油 2 118.73 万吨、天然气 9.54 亿立方米。

【试一试】查找并阅读资料,理解并尊重铁人"王进喜"们的历史背景和重要贡献。

2.3　天然气

天然气又称油田气、石油气和石油伴生气。天然气的化学组成及物理化学特性因地而异。它的主要成分是甲烷,还含有少量乙烷、丁烷、戊烷、二氧化碳、一氧化碳及硫化氢等。天然气在无硫化氢时为无色、无臭、易燃、易爆的气体,密度大多为 0.6~0.8 克/厘米^3,比空气轻。通常,甲烷含量高于 90% 的天然气称为干气,甲烷含量低于 90% 的天然气称为湿气。

2.3.1　天然气的形成

天然气与石油生成的过程既有联系又有区别:石油主要形成于深成作用(即在地壳深部高温条件下发生的一种区域变质作用)阶段,由催化裂解作用引起;而天然气的形成则贯穿成岩、深成、后成,直至变质作用的始终。与石油的生成相比,无论是原始物质还是生成环境,天然气的生成都更广泛、更迅速和更容易。各种类型的有机质都可形成天然气:腐泥型有机质既可生成油又可生成气,腐殖型有机质主要生成气态烃。因此,天然气的成因是多种多样的,归纳起来,天然气按成因可分为生物成因气、油型气和煤型气。

2.3.2　天然气的分类

1. 按在地下存在的相态分类

天然气可分为游离态、溶解态、吸附态和固态水合物。只有游离态的天然气经聚集形成天然气藏,才可开发利用。

2. 按照生成形式分类

(1)伴生气:与原油共生,与原油同时被采出的油田气。其中伴生气通常是原油的挥发性部分以气的形式存在于含油层之上,凡有原油的地层中都有,只是油、气量比例不同。即使在同一油田中的石油和天然气来源也不一定相同。它们由不同的途径、经不同的过程汇集于相同的岩石储集层中。

(2)非伴生气:包括纯气田天然气和凝析气田天然气两种,在地层中都以气态存在。凝析气田天然气从地层流出井口后,随着压力的下降和温度的升高,分离为气、液两相,气相是凝析气田天然气,液相是凝析液(也叫凝析油)。若为非伴生气,则与液态集聚无关,其可能产生于植物物质。世界天然气产量中,主要是气田气和油田气。煤层气的开采,现已日益受到重视。

3. 按蕴藏状态分类

天然气可以分为构造性天然气、水溶性天然气和煤矿天然气三种。而构造性天然气又可分为伴随原油出产的湿性天然气、不含液体成分的干性天然气。

4. 按成因分类

天然气可以分为生物成因气、油型气和煤型气。

5. 按在地下的产状分类

天然气可以分为油田气、气田气、凝析气、水溶气、煤层气和固态气体水合物等。

2.3.3　天然气的开采

天然气同原油一样埋藏在地下封闭的地质构造之中,有些和原油储藏在同一层位,有些单独存在。和原油储藏在同一层位的天然气,会同原油一起被开采出来。只有单相气存在的天然气称为气藏,其开采方法与原油的开采方法十分相似。天然气密度小,因而井筒气柱对井底的压力小;天然气黏度较小,流动阻力也小;天然气的膨胀系数大,其弹性能量也大,因此用自喷方式开采天然气。因为气井压力一般较高,加上天然气属于易燃易爆气体,所以对采气井口装置的承压能力和密封性能的要求比对采油井口装置的要求较高。

天然气的开采有其自身的特点。首先,伴随着天然气的开采进程,水气沿高渗透带窜入气藏,在这种情况下,由于岩石本身的亲水性和毛细管压力的作用,水的侵入的作用不是有效地驱替气体,而是将空隙中未排出的气体封闭,从而形成死气区。这部分被封闭在水侵带的高压气体,可以占岩石孔隙体积的 30%~50% ,大大地降低了气藏的最终采收率。其次,气井产水后,气流入井底的渗流阻力会增加,气液两相沿油井向上的管流总能量消耗将显著增大。随着水侵影响的日益加剧,气藏的采气速度逐渐下降,气井的自喷能力逐渐减弱,单井产量迅速递减,直至井底严重积水而停产。目前,治理气藏水患主要从两方面入手:一是排水;二是堵水。堵水就是采用机械卡堵、化学封堵等方法将产气层和产水层分隔开或是在油藏内建立阻水屏障。排水的办法较多,主要原理是排除井筒积水,专业术语为排水采气法。

2.3.4 天然气的利用

1. 工业燃料

天然气可以代替煤,用于工厂采暖、生产用锅炉以及热电厂燃气轮机锅炉。天然气发电是缓解能源紧缺、降低燃煤发电比例、减少环境污染的有效途径。且从经济效益看,天然气发电的单位装机容量所需投资少,建设工期短,上网电价较低,具有较强的竞争力。

2. 化工工业

天然气是制造氮肥的最佳原料,具有投资少、成本低、污染少等特点。在世界上,天然气占氮肥生产原料总量的 80% 左右。

3. 城市燃气

城市燃气,特别是居民生活用燃料,包括常规天然气以及煤层气和页岩气这两种非常规天然气。随着人民生活水平的提高及环保意识的增强,大部分城市对天然气的需求明显增加。天然气作为民用燃料的经济效益也大于工业燃料。

4. 汽车燃料

使用天然气代替汽车用油,具有价格低、污染少、安全等优点。国际天然气汽车组织的统计显示,天然气汽车的年均增长速度为 20.8%,全世界共有大约 1 270 万辆使用天然气的车辆,2020 年,使用天然气的汽车总量将达 7 000 万辆,其中大部分是压缩天然气汽车。

天然气是优质高效的清洁能源,二氧化碳和氮氧化物的排放分别为煤炭的一半和五分之一左右,二氧化硫的排放几乎为零。天然气作为一种清洁、高效的化石能源,其开发利用越来越受到世界各国的重视。从全球范围来看,天然气资源量要远大于石油,天然气的开发具有足够的资源保障。

5. 增效天然气

这是以天然气为基础气源,经过气剂智能混合设备与天然气增效剂混合后形成的一种新型节能环保工业燃气。其燃烧温度能提高至 3 300 摄氏度,可用于工业切割、焊接、打破口,可完全取代乙炔气、丙烷气,可广泛应用于钢厂、钢构、造船行业,可在船舱内安全使用。现在,市面上的增效天然气产品有锐锋燃气、锐锋天然气增效剂。

2.3.5　我国天然气资源的分布

中国天然气资源的层系分布以新生界第 3 系和古生界地层为主,在总资源量中,新生界占 37.3%,中生界占 11.1%,上古生界 25.5%,下古生界占 26.1%。高成熟的裂解气和煤层气占主导地位,分别占总资源量的 28.3% 和 20.6%,油田伴生气占 18.8%,煤层吸附气占27.6%,生物气占 4.7%。

在中国,已探明储量的天然气集中在 10 个大型盆地,依次为渤海湾、四川、松辽、准噶尔、莺歌海—琼东南、柴达木、吐—哈、塔里木、渤海、鄂尔多斯。中国气田以中小型为主,大多数气田的地质构造比较复杂,勘探、开发难度大。1991—1995 年,中国天然气产量从160.73 亿立方米增加到 179.47 亿立方米,平均年增长速度为 2.8%。

在中国 960 万平方千米的土地和 300 多万平方千米的管辖海域下,蕴藏着十分丰富的天然气资源。专家预测,我国的天然气资源总量可达 40~60 多万亿立方米,是一个天然气资源大国。中国天然气资源区域主要分布在中西部盆地。同时,中国还具有主要富集于华北地区非常规的煤层气远景资源。

【试一试】自中华人民共和国成立以来,我国城镇居民的能源供给形式逐渐变化,现在已经开始使用天然气。查阅资料,阐述这一变化的主要原因。

2.4　水能

水能资源是指水体的动能、势能和压力能等能量资源,其最显著的特点是可再生、无污染。开发水能对江河的综合治理和综合利用具有积极作用,对促进国民经济发展,改善能源消费结构,缓解由于消耗煤炭、石油资源所带来的环境污染有重要意义,因此世界许多国家都把开发水能放在能源发展战略的优先地位。

2.4.1　水能资源

人类利用水能的历史悠久,但早期仅将水能转化为机械能,直到高压输电技术发展、水力交流发电机发明后,水能才被大规模开发利用。当代水能资源开发、利用的主要内容是水电能资源的开发、利用,因此人们通常把水能资源、水力资源、水电资源作为同义词,而实际上,水能资源包含着水热能资源、水力能资源、水电能资源、海水能资源等广泛的内容。

1. 水热能资源

水热能资源也就是人们通常所知道的天然温泉。在古代,人们已经开始直接利用天然温泉的水热能资源建造浴池,用于沐浴、治病、健身。现代人们也利用水热能资源进行发电、取暖。如冰岛 2003 年水电发电量为 70.8 亿千瓦时,其中利用地热(即水热能资源)发电就达 14.1 亿千瓦时,全国 86% 的居民已利用地热取暖。我国西藏地区已建成的装机 2.5 万千瓦的羊八井电站,也是利用地热发电。据专家预测,我国近百米内的土壤每年可采集的低温能量(以地下水为介质)可达 15 000 亿千瓦。目前我国地热发电装机 3.53 万千瓦。

2. 水力能资源

水力能包括水的动能和势能。中国古代已广泛利用湍急的河流、跌水、瀑布的水力能资源,建造水车、水磨和水碓等机械,进行提水灌溉、粮食加工、舂稻去壳等工作。18 世纪 30 年代,欧洲出现了集中开发利用水力资源的水力站,为面粉厂、棉纺厂和矿山开采等大型工业提供动力。现代出现的使用水轮机直接驱动离心水泵产生离心力提水进行灌溉的水轮泵站,以及用水流产生水锤压力形成高水压直接进行提水灌溉的水锤泵站等,都是直接开发利用水力能资源。

3. 水电能资源

19 世纪 80 年代,人们根据电磁理论制造出发电机,建成把水力站的水力能转化为电能的水力发电站,并输送电能到用户,使水电能资源开发利用进入了蓬勃发展时期。

现在我们所说的水电能资源通常被称为水能资源。在水能资源中,除河川水能资源外,海洋中还蕴藏着巨大的潮汐、波浪、盐差和温差能量。据估计,全球海洋水能资源为 760 亿千瓦,是陆地河川水能理论蕴藏量的 15 倍多,其中潮汐能为 30 亿千瓦,波浪能为 30 亿千瓦,温差能为 400 亿千瓦,盐差能为 300 亿千瓦。在我国海洋中,波浪能蕴藏量约为 1 285 万千瓦,潮流能蕴藏量约为 1 394 万千瓦,盐差能蕴藏量约为 1.25 亿千瓦,温差能约为 13.21 亿千瓦。综上,我国海洋能总计约为 15 亿千瓦,超过陆地河川水能理论蕴藏量 6.94 亿千瓦 2 倍多,具有广阔的开发利用前景。现在,世界许多国家竞相研究开发、利用蕴藏在海洋中的巨大能源的技术途径。

2.4.2　我国水能资源分布

我国国土辽阔,河流众多,大部分位于温带和亚热带季风气候区,降水量和河流径流量丰沛。我国西部多高山,并有世界上最高的青藏高原,许多河流发源于此;东部则为江河的冲积平原。在高原与平原之间,又分布着若干一级的高原区、盆地区和丘陵区。地势的巨大落差使大江大河形成极大的落差,如径流丰沛的长江、黄河等落差均有 4 000 多米,因此我国的水能资源非常丰富。

据统计,我国江河水能的理论蕴藏量可达 6.94 亿千瓦、年理论发电量可达 6.08 万亿千瓦时,水能理论蕴藏量居世界第一位;我国水能资源的技术可开发量为 5.42 亿千瓦、年发电量为 2.47 万亿千瓦时,经济可开发量为 4.02 亿千瓦、年发电量 1.75 万亿千瓦时,均名列世界第一。我国各地区和水系可开发水能资源的分布情况,如表 2-5、表 2-6 所示。

表 2-5　我国各地区可开发水能资源的分布情况

地区	装机容量（万千瓦）	年发电量（亿千瓦时）	年发电量占全国比重（%）
华北	700	230	1.2
东北	1 200	380	2.0
华东	1 800	690	3.6
中南	6 700	2 970	15.4
西南	23 200	13 050	67.9
西北	4 200	1 910	9.9
全国	37 800	19 230	100

表 2-6　我国各水系可开发水能资源的分布情况

水系	装机容量（万千瓦）	年发电量（亿千瓦时）	年发电量占全国比重（%）
长江	19 724	10 275	53.4
黄河	2 800	1 170	6.1
珠江	2 485	1 125	5.8
海河、滦河	213	52	0.3
淮河	66	19	0.1
东北诸河	1 371	439	2.3
东南沿海诸河	1 390	547	2.9
西南沿海诸河	3 768	2 099	10.9
雅鲁藏布江及西藏其他河流	5 038	2 969	15.4
北方内陆及新疆诸河	997	539	2.8
全国	37 852	19 234	100

从表 2-5 可以看出，我国水能资源在地区分布上很不均匀，水能资源大部分集中在西南地区，中南和西北次之，华北、东北和华东地区所占比重很小。

从表 2-6 可以看出，长江是我国水能资源最丰富的水系，其水能资源主要分布在干流中上游及乌江、雅砻江、大渡河、汉水、资水、沅江、湘江、赣江、清江等众多支流上。

2.4.3　我国水能利用情况

水能利用是水能资源综合利用的一个重要组成部分，近代大规模的水能利用往往涉及整条河流的综合开发，或涉及全流域甚至几个国家的能源结构和规划，它与国家的工农业生产和人民的生活水平息息相关。水力发电、农田灌溉、滞涝防洪、水陆航运、水产养殖、工农业用水及民用给水、旅游与环境保护等都与水能资源密切相关，因此水能资源的利用就是要充分合理地利用江河水域的地上和地下水源，以获得最高的综合效益。

水力发电是水能资源大规模开发、利用的一种形式。水力发电是将水能直接转换成电能。水电站主要由水库、引水道和电厂组成。水库具有储存和调节河水流量的功能。拦河筑坝形成水库，以提高水位，集中河道落差，是水电站发电的必备条件。水库工程除拦河大坝外，还有溢洪道、泄水道等安全设施。引水道的主要功能是将水量传输至电厂，推动水轮机发电。电厂则主要由水轮发电机组及相应的控制设备、保护设备、输配电装置等组成。

我国现代水电站建设起步较晚，直到 1910 年才开始在云南滇池修建第一个水电站——石龙坝水电站，装机容量为 472 千瓦。到 1949 年底，全国水电装机容量仅为 16.3 万千瓦，居世界第二十位，占全国总装机容量的 8.8%。经过几十年的发展，我国水电事业突飞猛进，2010 年全国水电装机容量达到 2.11 亿千瓦，到 2015 年全国水电装机容量达到 3.2 亿千瓦，年均增长 8.7%。

我国三峡工程是当今世界最大的水利枢纽工程，它的许多工程设计指标都创造了世界水利工程的纪录。

（1）三峡水库总库容为 393 亿立方米，防洪库容为 221.5 亿立方米，水库调洪可消减洪峰流量达 2.7~3.3 万米 ^{3}/ 秒，能有效抑制长江上游的洪水，保护长江中下游地区 1 500 万人口的安全，是世界上防洪效益最为显著的水利工程。

（2）三峡水电站（图 2-8）总装机容量为 1 820 万千瓦，年均发电量为 846.8 亿千瓦时，是世界上最大的电站。

图 2-8　三峡水电站

（3）三峡大坝坝轴线全长 2 309.47 米，泄流坝段长 483 米，水电站机组为 70 万千瓦 ×26 台，双线 5 级船闸加上升船机，无论单相、总体，都是世界上建筑规模最大的水利工程。

（4）三峡工程主题建筑物土石方挖填量约为 1.34 亿立方米，混凝土浇筑量为 2 794 万立方米，钢筋用量 46.3 万吨，金属结构设备达 25.65 万吨，是世界上工程量最大的水利工程。

（5）三峡工程截流流量为 9 010 立方米/秒，施工导流最大洪峰流量为 79 000 立方米/秒，是施工期流量最大的水利工程。

（6）三峡工程泄洪闸最大泄洪能力为 10.25 万立方米/秒，是世界上泄洪能力最大的泄洪闸。

（7）三峡工程的双线 5 级、总水头 113 米的船闸，是世界上级数最多、总水头最高的内河船闸。

"十三五"期间，我国积极稳妥推进发展水电，以西南地区主要河流为重点，积极有序推进大型水电基地建设，合理优化控制中小流域开发，加快抽水蓄能电站建设。

"十三五"期间，我国基本建成长江上游、黄河上游、乌江、南盘江红水河、雅砻江、大渡河六大水电基地，总规模超过 1 亿千瓦；积极推进金沙江上游等水电基地开发，着力打造西藏东南地区"西电东送"接续基地；新增投产常规水电 4 000 万千瓦，新开工常规水电 6 000 万千瓦；重点扶持西藏、四川、云南、青海四省小水电扶贫开发工作，全国规划新开工小水电 500 万千瓦左右。同时，新开工抽水蓄能电站约 6 000 万千瓦，抽水蓄能电站装机容量达到 4 000 万千瓦。

第3章 太阳能

【知识目标】

1. 了解什么是太阳能。掌握辐射通量、辐照度等概念。

2. 了解我国太阳能资源及其分布,熟悉日照时数、年辐射量等概念和应用。

3. 了解常见的太阳能热利用技术的工作原理和分类。

4. 了解并简述太阳能光热发电的工作原理和分类。

5. 掌握太阳能光电转换利用的原理,熟悉太阳能电池的原理和分类,熟悉离并网型光伏发电系统的基本结构。

6. 了解并简述光伏发电和光热发电产业概况和产业发展趋势。

【能力目标】

1. 能够准确查找太阳能相关数据。

2. 能够阐述根据地域和环境特点选择合适的光热转换和利用技术。

3. 能够阐述根据地域和环境特点选择合适的光热发电技术。

4. 能够使用常用电工仪器检测光伏发电简单应用系统。

5. 能够正确查找到我国以及世界光伏发电产业的相关数据。

太阳是离地球最近的一颗恒星,也是太阳系的中心天体,它的质量占太阳系总质量的99.865%。太阳也是太阳系里唯一发光的天体,它给地球带来光和热。由于太阳光的照射,地面平均温度才会保持在14摄氏度左右,形成了人类和绝大部分生物生存的条件。除了原子能、地热和火山爆发的能量外,地面上大部分能源均直接或间接与太阳有关。

根据目前太阳产生的核能速率估算,氢储量足够维持600亿年,而地球内部组织因热核反应聚合成氦,它的寿命约为50亿年,从这个意义上讲,可以说太阳的能量是取之不尽、用之不竭的。因此,太阳能的利用是今后人类能源供应的关键所在。

3.1 太阳能概述

太阳能(solar energy),是指太阳的热辐射能,通过太阳光传播到地球上,在现代一般用作发电或者为热水器提供能源。

自地球上生命诞生以来,就主要以太阳提供的热辐射能生存,而自古人类也懂得用阳光晒干物件,并作为制作食物的方法,如制盐和晒咸鱼等。在当今情况下,随着化石燃料的日趋减少,太阳能已成为人类使用能源的重要组成部分,利用太阳能是实现可持续发展战略的主要措施之一。太阳能的利用有两种方式:光热转换和光电转换。太阳能是一种新兴的非常重要的可再生能源。广义上的太阳能可包括地球上的风能、化学能、水能等。

3.1.1　太阳辐射

太阳辐射是指太阳以电磁波（光是电磁波的一种）的形式向外传递能量，是太阳向宇宙空间发射的电磁波和粒子流。太阳辐射所传递的能量，称太阳辐射能。地球所接受到的太阳辐射能量虽然仅为太阳向宇宙空间放射的总辐射能量的二十二亿分之一，但却是地球大气运动的主要能量源泉，也是地球光能、热能的主要来源。

太阳辐射的光谱包括三部分，即紫外光、可见光和红外光。太阳辐射的能量主要集中在波长为 0.2~3.0 微米区段。如图 3-1 所示，在到达地面的太阳辐射中，波长小于 0.4 微米的紫外光约占太阳辐射总能量的 7%，波长为 0.4~0.76 微米的可见光约占太阳辐射总能量的 50%，波长大于 0.76 微米的红外光约占太阳辐射总能量的 43%。

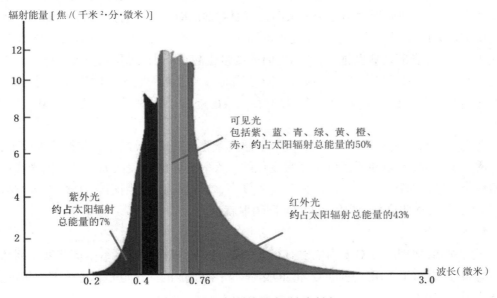

图 3-1　太阳辐射能量光谱（直射）

在太阳能利用中，常用到以下一些概念，即辐射通量、辐照度和曝辐射量。辐射通量是太阳以辐射形式发射出的功率，常用 ϕ 表示，单位为瓦。投射到单位面积上的辐射通量称为辐照度，常用 E 表示，单位为瓦/米^2。一段时间（如一天）为单位面积上接收到辐照度的总量称为曝辐射量，常用 H 表示，单位为兆焦/米^2。

正如前面指出的，由于大气的存在，真正到达地球表面的太阳辐射能的大小要受许多因素的影响，包括太阳高度、大气质量、大气透明度、地理纬度、日照时间及海拔高度等。下面对这些影响因素做简单介绍。

1. 太阳高度

太阳位于地平面以上的高度角称为太阳高度。常常用太阳光线和地平面的夹角即入射角来表示。入射角大，太阳高，辐照度也大；反之，入射角小，太阳低，辐照度也小。太阳高度在一天中是不断变化的：早晨日出时最低，为 0 度；之后逐渐增加，到中午时最高，为 90 度；下午又逐渐减小，到日落时，又降低到 0 度。太阳高度在一年中也是不断变化的。这是由于地球不仅在自转，而且又在围绕着太阳公转的缘故。地球自转轴与公转轨道平面不是垂直的，而是始终保持着一定的倾斜角度。自转轴与公转轨道平面法线之间的角度为 23.5 度。在北半球上半年，太阳从低纬度到高纬度逐日升高，直到夏至日正午，达到最高点 90 度。此后，则逐日降低，直至冬至日，降低到最低点。这就是一年中夏季炎热、冬季寒冷和一天中正午比早晚温度高的原因。

对于某一地平面而言，太阳高度低时，光线穿过大气的路程较长，其能量衰减也多；加之光线又以较小的角度投射到该平面上，故真正到达该地的太阳能量就较少。反之亦然。

2. 大气质量

大气的吸收和散射作用会使到达地面的太阳能发生衰减。其衰减作用的强弱与太阳辐射穿过大气路程的长短有关。太阳辐射穿过大气路程越长，能量衰减越大；路程越短，能量损失越小。通常，我们把太阳处于天顶即垂直照射地面时，光线所穿过的大气路径称为一个大气质量。太阳处于其他位置时大气质量均大于 1。例如，早晨 8~9 点时大气质量为 2~3。大气质量越大，能量衰减也越大，到达地面的能量也越少。因此，我们把大气质量定义为太阳光线通过大气路程与太阳在天顶时太阳光线通过大气路程之比。例如，此比值为 1.5，则称大气质量为 1.5，通常写成 AM1.5。显然在大气层外，大气质量为 0，写为 AM0。

3. 大气透明度

大气层外与光线垂直的平面上，太阳辐照度基本上是一个常数，但在地球表面上，由于大气透明度不同，太阳辐照度也是经常变化的。大气透明度是表征大气对太阳光线透过程度的一个参数。晴朗无云的天气，大气透明度高，到达地面的太阳辐射就多些；天空多云或沙尘天气，大气透明度低，到达地面的太阳辐射就少。

4. 地理纬度

众所周知，地理纬度对太阳辐射有很大的影响。太阳辐射能量是由低纬度向高纬度逐渐减弱的，这是由于太阳经过的大气层的路程不一样造成的。这也是赤道地带全年炎热，南北极地则终年严寒的原因。

5. 日照时间

日照时间也是影响太阳辐照度的一个重要因素，日照时间越长，地面获得的太阳总辐射能也越多。

6. 海拔高度

海拔高度对太阳辐照度也有影响。海拔越高，大气透明度也越高，地面获得的太阳总辐射能也越多。

3.1.2　我国太阳能资源及其分布

我国幅员辽阔，有着十分丰富的太阳能资源。据估算，我国陆地表面每年接受的太阳辐射能约为 50×10^{18} 千焦，全国各地太阳年辐射总量达 335~837 千焦/(厘米^2·年)，中值为

586 千焦/（厘米²·年）。从全国太阳年辐射总量的分布来看，西藏、青海、新疆、内蒙古南部、山西、陕西北部、河北、山东、辽宁、吉林西部、云南中部和西南部、广东东南部、福建东南部、海南岛东部和西部以及台湾地区的西南部等的太阳辐射总量很大。其中，青藏高原地区最大，那里平均海拔高度在 4 000 米以上，大气层薄而清洁，透明度好，纬度低，日照时间长。例如被人们称为"日光城"的拉萨市，1961—1970 年，年平均日照时间为 3 005.7 小时，相对日照为 68%，年平均晴天为 108.5 天，阴天为 98.8 天，年平均云量为 4.8，太阳总辐射为 816 千焦/（厘米²·年），比全国其他省区市和同纬度的地区都高。全国以四川和贵州两省的太阳年辐射总量最小，其中尤以四川盆地为最，那里雨多、雾多、晴天较少。例如素有"雾都"之称的重庆市，年平均日照时数仅为 1 152.2 小时，相对日照为 26%，年平均晴天为 24.7 天，阴天达 244.6 天，年平均云量高达 8.4。其他地区的太阳年辐射总量居中。

　　根据接收太阳能辐射量的大小，全国大致上可以分为五类地区，我国的太阳能资源地区分布如表 3-1 所示。一、二、三类地区，年日照时数大于 2 000 小时，是我国太阳能资源丰富或较丰富的地区，面积较大，约占全国总面积的 2/3 以上，具有利用太阳能的良好条件。四、五类地区虽然太阳能资源条件较差，但仍有一定的利用价值。

表 3-1　我国的太阳能资源地区分布

类别	日照时数 （小时）	年辐射量 （兆焦/米²）	标准煤 （千克）	地　区
一类地区	3 200~3 300	6 700~8 370	225~285	青藏高原、甘肃北部、宁夏北部和新疆南部
二类地区	3 000~3 200	5 860~6 700	200~225	河北西北部、山西北部、内蒙古南部、宁夏南部、甘肃中部、青海东部、西藏东南部和新疆南部
三类地区	2 200~3 000	5 020~5 860	170~200	山东、河南、河北东南部、山西南部、新疆北部、吉林、河北、云南、河北北部、甘肃东南部、广东南部、河北南部、江苏北部和安徽北部
四类地区	1 400~2 200	4 190~5 020	140~170	长江中下游、河北、浙江和广东的部分地区
五类地区	1 000~1 400	350~4 190	115~140	四川、贵州

　　【试一试】查阅资料，找到您所在区域的太阳能相关数据，体会这些数据和四季变换的关联。

3.1.3　太阳能利用的历史

　　人类社会的发展史，也是人类利用太阳能的历史，人类社会自有历史记载以来，就有使用太阳能的记载。但是将太阳能作为一种能源和动力加以利用，只有 300 多年的历史。20世纪 70 年代以来，太阳能应用技术突飞猛进，太阳能利用日新月异，人们才真正将太阳能作为"近期急需的补充能源""未来能源结构的基础"。

　　1615 年，法国工程师所罗门·德·考克斯发明了第一台太阳能驱动的发动机，这是利用太阳能加热空气使其膨胀做功而抽水的机器。在 1615—1900 年之间，世界上的太阳能爱好者们又研制成多台太阳能动力装置和一些其他太阳能装置。这些太阳能装置基本上都采用聚光的方式采集阳光,传输介质主要是水蒸气,发动机功率比较小,价格昂贵,且实际应用价值不大。

20 世纪是世界太阳能利用进入现代科学技术研究的发展阶段,取得了不少技术上的突破和长足的进步。20 世纪至今,太阳能利用发展历史大体可以分为八个阶段。

1. 第一阶段(1900—1920 年)

在这一阶段,世界上太阳能研究的重点仍是太阳能动力装置,但采用的聚光方式多样化,且开始采用平板集热器和低沸点工质,装置逐渐扩大,最大输出功率达 73.64 千瓦,实用目的比较明确,造价仍然很高。

2. 第二阶段(1920—1945 年)

由于矿物燃料的大量开发、利用和第二次世界大战,在这 20 多年中,太阳能研究工作处于低潮,参加研究工作的人数和研究项目大为减少,太阳能不能解决当时对能源的需求,因此太阳能研究工作逐渐受到冷落。

3. 第三阶段(1945—1965 年)

第二次世界大战结束后,一些有远见的人士开始意识到石油和天然气资源正在迅速减少,他们呼吁人们重视这一问题,从而逐渐推动了太阳能研究工作的恢复和开展,并且成立了太阳能学术组织,举办学术交流和展览会,再次兴起了太阳能研究的热潮。在这一阶段,太阳能研究工作取得了一些重大进展,如 1945 年,美国贝尔实验室研制出实用型硅太阳能电池,为光伏发电的大规模应用奠定了基础;1955 年,以色列泰伯等在第一次国际太阳热科学会议上提出选择性涂层的基础理论,并研制出实用的黑镍等选择性涂层,为高效集热器的发展创造了条件;1961 年,一台带有石英窗的斯特林发动机问世。

在这一阶段里,加强了太阳能基础理论和基础材料的研究,取得了太阳选择性涂层和硅太阳能电池等技术上的重大突破。平板集热器有了很大的发展,技术上逐渐成熟。太阳能吸收式空调的研究取得进展,建成一批实验性太阳房。对难度较大的斯特林发动机和塔式太阳能热发电技术进行了初步研究。

4. 第四阶段(1965—1973 年)

这一阶段,由于太阳能利用技术尚不成熟,并且投资大,效果不理想,难以与常规能源竞争,因而得不到公众、企业和政府的重视和支持。

5. 第五阶段(1973—1980 年)

1973 年 10 月,爆发了第四次中东战争,石油输出国组织采取石油减产、提价等办法,支持中东人民的斗争,使那些依靠从中东地区大量进口廉价石油的国家在经济上遭到沉重打击,史称第一次"能源危机"(有的称"石油危机")。这次"危机"在客观上使人们认识到,现有的能源结构十分脆弱,必须彻底改变,加速向未来能源结构过渡。许多国家,尤其是工业发达国家,重新加强了对太阳能及其他可再生能源技术发展的支持,世界上再次兴起了开发利用太阳能的热潮。

20 世纪 70 年代初,世界上出现的开发利用太阳能的热潮对我国也产生了巨大影响。一些有远见的科技人员,纷纷投身太阳能事业。1975 年,在河南安阳召开的"全国第一次太阳能利用工作经验交流大会"进一步推动了我国太阳能事业的发展。这次会议之后,太阳能研究和推广工作被纳入了我国政府计划,获得了专项经费和物资支持。一些大学和科研院所,纷纷设立太阳能课题组和研究室,有的地方开始筹建太阳能研究所。

这一时期,太阳能开发利用工作处于前所未有的大发展时期,具有以下特点。①各国加强了太阳能研究工作的计划性,不少国家制订了近期和远期阳光计划;②开发利用太阳能成为政府行为,支持力度大大加强;③国际合作十分活跃,一些第三世界国家开始积极参与太阳能开发利用工作;④研究领域不断扩大,研究工作日益深入,取得一批较大成果,如 CPC(太阳能集热器)、真空集热管、非晶硅太阳电池、光解水制氢、太阳能热发电等。由于头脑过热,各国制订的太阳能发展计划,普遍存在要求过高、过急问题,对实施过程中的困难估计不足,这些计划希望在较短的时间内取代矿物能源,实现大规模利用太阳能。例如,美国曾计划在 1985 年建造一座小型太阳能示范卫星电站;1995 年,建成一座 500 万千瓦空间太阳能电站。事实上,这一计划后来进行了调整,至今空间太阳能电站还未升空。太阳能热水器、太阳能电池等产品开始实现商业化,太阳能产业初步建立,但规模较小,经济效益尚不理想,这主要受制于技术运用及科研水平。

6. 第六阶段(1980—1992 年)

20 世纪 70 年代兴起的开发和利用太阳能热潮,在进入 80 年代后不久开始落潮,逐渐进入低谷。导致这种现象的主要原因是:世界石油价格大幅度回落,而太阳能产品价格居高不下,缺乏竞争力;太阳能技术没有重大突破,提高效率和降低成本的目标没有实现,一些人开发利用太阳能的信心产生了动摇;核电发展较快,对太阳能的发展起到了一定的抑制作用。

受 20 世纪 80 年代国际上太阳能研究低落的影响,我国太阳能研究工作也受到一定程度的削弱,有人甚至提出太阳能利用投资大、效果差、贮能难、占地广,认为太阳能是未来能源,主张外国研究成功后中国引进技术。虽然持这种观点的人是少数,但十分有害,对中国太阳能事业的发展造成了不良影响。这一阶段,虽然太阳能开发研究经费大幅度削减,但研究工作并未中断,有的项目还进展较大,而且促使人们认真地审视以往的计划和目标,调整研究工作重点,争取以较少的投入取得较大的成果。

7. 第七阶段(1992—2008 年)

由于大量燃烧矿物能源,造成了全球性的环境污染和生态破坏,对人类的生存和发展构成威胁。在这样的背景下,1992 年,联合国在巴西召开"世界环境与发展大会",通过了《里约热内卢环境与发展宣言》《21 世纪议程》《联合国气候变化框架公约》等一系列重要文件,把环境与发展纳入统一的框架,确立了可持续发展的模式。这次会议之后,世界各国加强了清洁能源技术的开发,将利用太阳能与环境保护结合在一起,使太阳能利用工作走出低谷,逐渐得到加强。世界环境发展大会之后,我国政府对环境与发展十分重视,提出 10 条对策和措施,明确要"因地制宜地开发和推广太阳能、风能、地热能、潮汐能、生物质能等清洁能源",制定了《中国 21 世纪议程》,进一步明确了太阳能重点发展项目。

1995 年国家计委、国家科委和国家经贸委制定了《新能源和可再生能源发展纲要》,明确提出中国在 1996—2010 年新能源和可再生能源的发展目标、任务以及相应的对策和措施。这些文件的制定和实施,对进一步推动中国太阳能事业发挥了重要作用。1996年,联合国在津巴布韦召开"世界太阳能高峰会议",会后发表了《哈拉雷太阳能与持续发展宣言》,会议讨论了《世界太阳能10年行动计划(1996—2005年)》《国际太阳能公约》《世界太阳能战略规划》等重要文件。这次会议进一步表明了联合国和世界各国对开发太阳能的坚定决心,要求全球共同行动,广泛利用太阳能。

8.第八阶段(2009年至今)

世界上越来越多的国家认识到一个能够持续发展的社会应该是一个既能满足社会需要,又不危及后代人前途的社会。因此,最大限度地用洁净能源代替高含碳量的矿物能源,是能源建设应该遵循的原则。随着能源形式的变化,常规能源的贮量日益下降,其价格必然上涨,而控制环境污染也必须增大投资。我国是世界上最大的煤炭生产国和消费国,煤炭约占商品能源消费总量的76%,已成为我国大气污染的主要来源。大力开发新能源和可再生能源的利用技术将成为减少环境污染的重要措施。能源问题是世界性的,向新能源过渡的时期迟早要到来。从长远看,太阳能利用技术和装置的大量应用,也必然可以制约矿物能源价格的上涨。

2009年7月21日,财政部、科技部、国家能源局联合发布了《关于实施金太阳示范工程的通知》,决定综合采取财政补助、科技支持和市场拉动等方式,加快国内光伏发电的产业化和规模化发展。三部委计划在2~3年内,采取财政补助方式支持不低于500兆瓦的光伏发电示范项目。据估算,国家将为此投入约100亿元财政资金。至此,我国太阳能产业进入快速发展阶段。

【试一试】在太空中,太阳能是现阶段唯一可以无限补充的能源。太阳能的开发利用,是人类社会探索太空的重要基石。查阅资料,寻找我国卫星发射事业中能源利用的变化,体会老一辈科学家们在技术封锁、资源匮乏情况下的奉献精神和奋斗精神。

3.2　太阳能光热转换利用

太阳能光热转换是将太阳辐射能转换成热能加以利用的技术。其系统由光热转换和热能利用两部分组成,前者为各种形式的集热器,后者是根据不同使用要求而设计的各种热利用装置。

光热利用种类繁多,可按其使用温度的高低划分为低温(200摄氏度以下)、中温(200~500摄氏度)和高温(500摄氏度以上)三大类。低温热水可用于生活,如太阳能热水器等;中高温热水可用于工业生产过程,如海水淡化、干燥等;高温蒸汽可用于热动力发电,如聚光发电等。

3.2.1　太阳能集热器

太阳能集热器是一种将太阳的辐射能转换为热能的装置,是太阳能光热转换的核心装置。由于太阳能比较分散,必须设法把它集中起来,因此集热器是各种利用太阳能装置的关键部分。无论是太阳能热水器、太阳灶、主动式太阳房及太阳能温室,还是太阳能干燥、太阳能工业加热及太阳能热发电等都离不开太阳能集热器,都是以太阳能集热器作为系统的动力或者核心部件的。

1. 集热器的分类

太阳能集热器的种类繁多,根据不同的分类原则可以进行如下分类。

(1)按集热器的传热工作介质类型可以分为液体集热器和空气集热器。

(2)按进入采光口的太阳辐射是否改变方向可以分为聚光型集热器和非聚光型集热器。

(3)按集热器是否跟踪太阳可分为跟踪集热器和非跟踪集热器。

(4)按集热器内是否有真空空间可分为平板型集热器和真空管集热器。

(5)按集热器的工作温度范围可分为低温、中温和高温集热器。

(6)按集热器使用材料可分为纯铜集热板、铜铝复合集热板、纯铝集热板。

生活中常见的家用太阳能热水器属于低温集热器,也有平板型太阳能集热和真空管太阳能集热等方式。聚光型集热器一般在工业环境中使用,通过聚光可以大大提高集热器中介质的温度。

2. 平板型太阳能集热器

平板型太阳能集热器是一种吸收太阳辐射能并向工作介质传递热量的装置。在平板型太阳能集热器工作时,太阳光穿过透明玻璃盖板后,投射在吸热板上,被吸热板吸收并转换为热能,然后传递给吸热板内的传热工作介质,使传热工作介质的温度升高,作为集热器的有用能量输出;同时,温度升高后的吸热板不可避免地要通过传导、对流和热辐射等向四周散热,称为集热器的热量损失。

平板型集热器具有结构简单、运行可靠、成本适宜、安全可靠、吸热面积大等特点。

平板型太阳能集热器主要由吸热板、吸热板涂层、透明玻璃盖板、保温材料和壳体等几部分组成,其结构如图 3-2 所示。

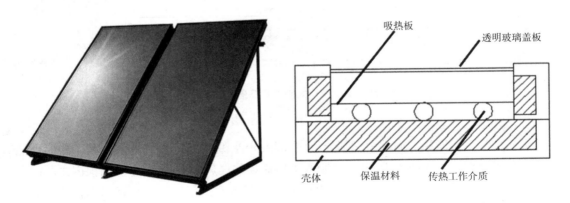

图 3-2　平板型太阳能集热器结构图

2. 真空管太阳能集热器

真空管集热器是将吸热体与透明盖层之间的空间抽成真空的太阳能集热器。其主要包括集热部分、传热部分、换热部分和边框尾架部分。集热部分主要包括真空管、翅片(加强集热能力,又叫铝翼)及防止真空管口散热的隔热塞。

全玻璃真空管太阳能集热量由外玻璃管、内玻璃管、选择性吸收涂层、弹簧支架、消气剂等部分组成,其形状如图 3-3 所示。其工作原理是太阳光透过外玻璃管射到内玻璃管外表面吸热体上转换为热能,然后加热玻璃管内的传热介质。由于夹层间被抽成真空,有效降低了向周围环境散失的热损失,使集热效率得以提高。其特点是真空管内直接对水进行加热,吸热效率高、寿命长、成本低、使用范围广,可以在零下 30 摄氏度的环境下正常运行。

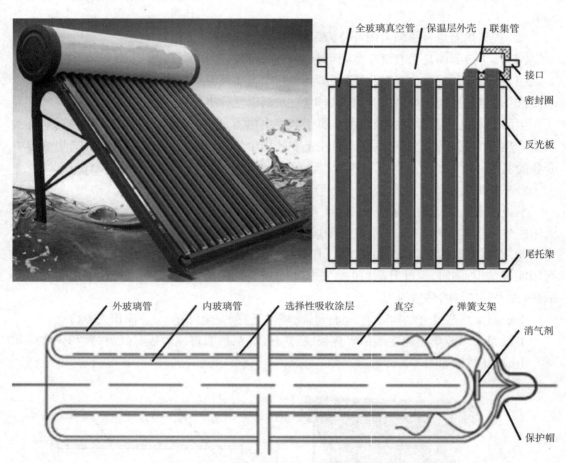

图 3-3 全玻璃真空管太阳能集热器及其结构示意图

3. 聚光型太阳能集热器

聚光型集太阳能热器通常由三部分组成,即聚光器、吸收器和跟踪系统。其工作原理是阳光经聚光器聚焦到吸收器上,并加热吸收器内流动的集热介质;跟踪系统则根据太阳的方位随时调节聚光器的位置,以保证聚光器的开口面与入射太阳辐射总是互相垂直的。聚光型太阳能集热器主要有三种应用形式:槽式集热器、塔式集热器、蝶式集热器。

1)槽式集热器(图 3-4)

槽式集热器是一种借助槽形抛物面反射镜将太阳光聚焦反射在一条线上,在这条焦线上布置安装有集热管,来吸收太阳聚焦反射后的太阳辐射能,通过管内热载体将管内流体加热直接利用或将管内流体加热生成蒸汽,推动汽轮机借助于蒸汽动力循环发电的清洁能源利用装置。槽式系统的聚光比在 10~100 之间,运行温度最高可达 400 摄氏度。

图 3-4 槽式集热器实物图

2）塔式集热器（图 3-5）

塔式集热器是在空旷的地面上建立一个高大的中央吸收塔,塔顶部安装固定一个吸收器。塔周围布置有定口镜群,定口镜群将太阳光反射到塔顶的接收器的腔体内产生高温,再将通过吸收器的工质加热并产生高温蒸汽。塔式集热器的聚光比可以达到 300~1 500,运行温度可达 1 500 摄氏度,总效率在 15% 以上。

图 3-5 塔式集热器实物图

3）碟式集热器（图3-6）

碟式集热器是世界上最早出现的用于发电的太阳能动力系统,它借助双轴跟踪、抛物形碟式镜面将太阳辐射能聚焦反射到位于其焦点位置的吸热器上,吸热器吸收这部分辐射能并将其转换成为热能直接利用,或者推动位于吸热器上的热电转换装置,比如斯特林发动机或者郎肯循环热机,进而完成将热能转换为电能的发电过程。单个碟式系统发电装置的容量范围在5~5 000瓦之间,用氦气或氢气做工质,工作温度达800摄氏度,效率达29.4%。

图3-6　碟式集热器实物图

3.2.2　常见太阳能热利用技术

太阳能热利用的应用很多,如最贴近民生的家用太阳能热水器、太阳能采暖供冷、太阳能温室、太阳灶以及太阳能工业热利用、太阳能海水淡化和太阳能热动力发电等。

1. 太阳能热水系统

根据集热工质的不同,太阳能供热系统可分为两种基本类型,一种以液体为传热工质,提供采暖、制冷和生活用热水,称为太阳能热水系统;另一种以空气为传热工质,提供采暖和加热用热空气,称为太阳能热空气系统。

太阳能热水系统由集热器、储热水箱、热换器、辅助能源加热器、监控系统、泵和管路系统组成。家用太阳能热水器堪称最小的太阳能热水装置。

太阳能热水系统本身比较简单,随着使用场所和目标的不同,目前已发展出很多不同种类的太阳能热水系统,如按集热循环方式分类（循环系统和直流系统）、按换热方式分类（直接加热系统和间接加热系统）和按供热形式分类（集中供热、分散供热和集中与分散相结合供热）。

2. 太阳灶

太阳灶利用太阳的辐射直接把太阳的辐射能转换成供人们炊事使用的热能。太阳灶种类繁多,按原理结构分类,可分为闷晒式、聚光式和蒸汽式三种。

1)闷晒式太阳灶

闷晒式太阳灶又称箱式太阳灶,其形状是一个箱体。它的工作方式是置于太阳光下长时间的闷晒,缓慢地积蓄热量。箱内温度一般可达 120~150 摄氏度,适用于蒸煮食品或供医疗器具消毒使用。

2)聚光式太阳灶

聚光式太阳灶是将较大面积的阳光进行聚焦,使焦点温度达到较高的程度,以满足炊事要求。聚光式太阳灶的关键部件是聚光镜,聚光镜安装在支架上的镜面仰俯于旋转机构上,人们可以根据需要对镜面的仰角和朝向进行调整,在对镜面的位置进行调整的同时要保证聚光镜焦面必须始终落在锅架对应区域。

3)蒸汽式太阳灶

利用平板型集热器和箱式太阳灶结合,把水烧沸产生蒸汽,将热量传入箱内进行烹调。这种类型的太阳灶只能用于蒸煮或烧开水,大量推广应用也受到很大限制。

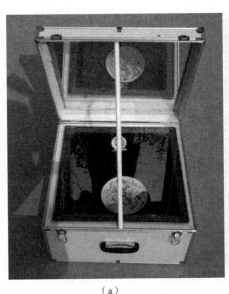 

（a）　　　　　　　　　　　　　　　　（b）

图 3-7　太阳灶

（a）闷晒式太阳灶　（b）聚光太阳灶

3. 太阳能干燥

太阳能干燥就是使被干燥的物料,或者直接吸收太阳能并将它转换为热能,或者通过太阳能集热器所加热的空气进行对流换热而获得热能,继而使物料中的水分逐步汽化并扩散到空气中,最终达到干燥的目的。

太阳能干燥器是将太阳能转换为热能以加热物料并最终达到干燥目的的装置。太阳能干燥器的形式很多,如:直接受热式和间接受热式干燥器、主动式和被动式干燥器、温室型太阳能干燥器。

温室型太阳能干燥器与普通太阳能温室在结构原理上基本相似,只是要求不断排湿,并对保温要求更高一些。其干燥过程为:太阳光透过玻璃盖层直接照射在温室内的物料上,物料吸收太阳能后被加热,同时部分阳光被温室内壁所吸收,室内温度逐渐上升,从而进一步加速物料水分蒸发。同时温室通过排气孔,使新鲜空气进入室内,湿气排出,形成不断循环,使被干燥物料水分不断蒸发,得到干燥。温室型干燥器结构简单、建造容易、造价较低,可因地制宜、综合利用,因而在国内外有较为广泛的应用。

集热型太阳能干燥系统(图 3-8)将集热器与干燥室分开。集热器多采用平板型空气集热器。先由集热器将空气加热到较高的温度,通过风机输入到干燥室中,干热空气以一定方式流过被干燥物料后温度下降、湿度升高成为冷湿空气,冷湿空气经过排湿后,再次进入集热器进行加温,从而完成一个干燥循环。由于集热器将空气加热的温度较高,因此集热型太阳能干燥系统干燥速度比温室型高,而且独立的干燥室又可以加强保温并保证物料不直接受到阳光暴晒。所以,集热型太阳能干燥系统可以在更大范围内满足不同物料的干燥工艺要求。

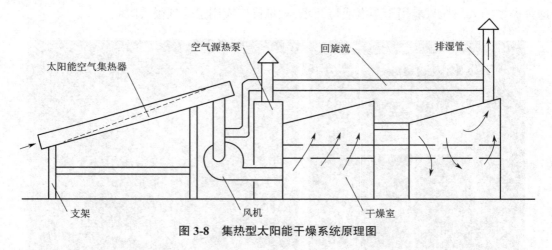

图 3-8　集热型太阳能干燥系统原理图

4. 太阳能采暖

太阳能采暖可以分为主动式和被动式两大类。主动式是利用太阳能集热器和相应的蓄热装置作为热源来代替常规热水(或热风)采暖系统中的锅炉,室内温度可以调节,也称为空调式太阳房。而被动式则是依靠建筑物结构本身充分利用太阳能来达到采暖的目的,因此又称为被动式太阳房,其建造容易,无须安装特殊的动力设备。

1)被动式太阳能采暖

被动式太阳能采暖主要根据当地气候条件,把房屋设计为可以尽量利用太阳的直接辐射能的形成,它不需要安装复杂的太阳能集热器和循环动力设备,完全依靠建筑结构形成的吸热、隔热、保温、通风等特性来达到冬暖夏凉的目的。

图 3-9 所示为最简单的自然供暖的被动式太阳房示意图。这种太阳房在白天的中午直接依靠太阳辐射供暖,多余的热量为热容量大的建筑物本体(如墙、天花板、地基)及由碎石填充的蓄热槽吸收;夜间通过自然对流放热使室内保持一定的温度,达到采暖的目的。这种太阳房构造简单,取材方便,造价便宜,无须维修,有自然的舒适感,特别适合发展中国家

的广大农村。

2）主动式太阳能采暖（图3-10）

主动式太阳能采暖一般由集热器、传热流体、蓄热器、控制系统及适当的辅助能源系统构成。它需要热交换器、水泵和风机等设备,电源也是不可缺少的,因此这种太阳房的造价较高,但是室温能主动控制,使用也很方便。一些发达国家已建造了不少各种类型的主动式太阳房。例如,日本于1956年建造的柳叶太阳房已运行了近70年。该建筑作为私人住宅,建筑面积223平方米,集热器为铝制管板型,采暖或降温用的集热器面积98平方米,热水用的集热器33平方米,装有两个储箱的热泵系统。供热时,集热器收集5~25摄氏度的太阳热量,通过循环液传送到低温容器,经热泵升温可达到42摄氏度,并用管道输送到高温储箱;降温时,热泵用高温储箱中的水作降温介质,而把冷却了的水储存于低温储箱。热泵功率为2.2千瓦。高温蓄热器容量为10立方米,低温蓄热器总量为4立方米。

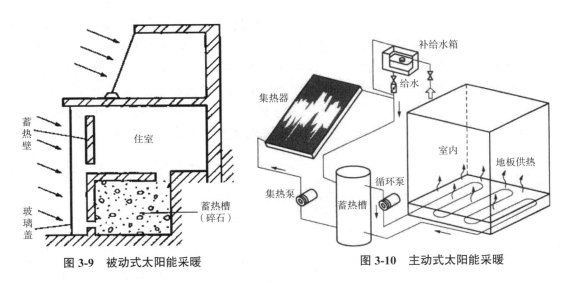

图 3-9　被动式太阳能采暖　　　　　　　图 3-10　主动式太阳能采暖

3）太阳能温室

常见的太阳能温室很多,如玻璃暖房和花房。随着透明塑料和玻璃纤维等新材料的出现,太阳能温室的建造也越来越多样化,发展成为田园工厂。国内外不仅有大量的塑料大棚用于蔬菜种植,而且出现了许多现代化的种植工厂。温室的结构和形式可分为屋脊形、拱圆形、管形等。

5. 太阳能制冷和空调

利用太阳能作为动力源来驱动制冷或空调装置有着广阔的前景,因为夏季太阳辐射最强,也是最需要制冷的时候。这与太阳能采暖正好相反,越是冬季需要采暖的时候,太阳辐射反而最弱。太阳能制冷可以分为两大类,一类是先利用太阳能发电,而后再利用电能制冷;另一类则是利用太阳能集热器提供的热能去驱动制冷系统。最常用的制冷系统有太阳能吸收式制冷和太阳能吸附式制冷。

太阳能吸收式制冷系统一般采用"溴化锂－水"或"氨－水作"工质。图3-11所示为太阳能氨－水吸收式制冷系统。

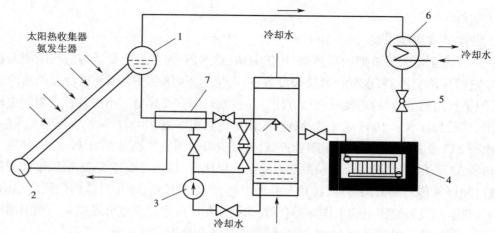

图 3-11　太阳能氨－水吸收式制冷系统

　　此种系统要求热源的温度比较高,因此一般采用真空管集热器或聚光集热器。太阳能溴化锂－水吸收式制冷系统对热源的温度要求较低,一般在 90~1 000 摄氏度即可。由于一般平板型和真空管集热器均可达到这一温度,因此特别适合于利用太阳能。太阳能吸附式制冷系统的原理和普通吸附式制冷系统的原理一样,与吸收式制冷相比,其结构简单,但制冷量较小,适合于制作太阳能冰箱。利用太阳能既采暖又进行空气调节是太阳能热利用的主要方向之一。图 3-12 所示为太阳能热水、采暖和空调综合系统的示意图。

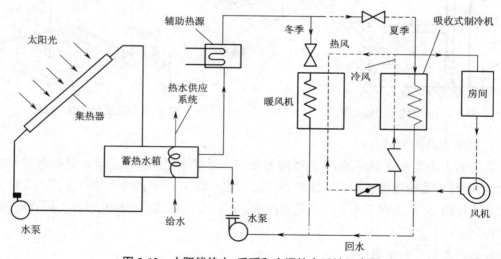

图 3-12　太阳能热水、采暖和空调综合系统示意图

　　【试一试】太阳能热水器是广大城乡常见的太阳能热利用方式,描述你所见到的太阳能热水器外形。如果让你给太阳能热水器厂家提供一些建议,你希望有哪些改进或改变? 并阐述你的理由。

3.3　太阳能光热发电技术

太阳能光热发电是太阳能发电技术的重要方向。聚光型太阳能热发电是通过聚光装置把太阳光聚集在接收器上,借助太阳热能,流体被加热到一定温度,产生蒸汽然后驱动涡轮机发电,将热能转化为电能。聚光型太阳能热发电系统有槽式、塔式、碟式三种。

3.3.1　槽式太阳能热发电系统

槽式太阳能热发电系统全称为槽式抛物面反射镜太阳能热发电系统,是利用槽式聚光镜将太阳光聚集在一条线上,这条线上安装着一个管状集热器,用来吸收太阳能,并对传热工质进行加热,产生高温蒸汽,驱动汽轮机发电机组发电。图 3-13 是槽式太阳能热发电聚光系统。

图 3-13　槽式太阳能热发电聚光系统

槽式太阳能热发电系统(图 3-14)主要包括集热系统、储热系统、换热系统和发电系统。其中换热系统及发电系统技术较成熟,应用普遍。集热系统主要由集热管、集热镜面(聚光器)、支撑结构及控制系统组成;储热系统主要由储热罐、储热介质组成。影响我国槽式太阳能热发电技术发展的主要是集热系统(图 3-15)和储热系统。

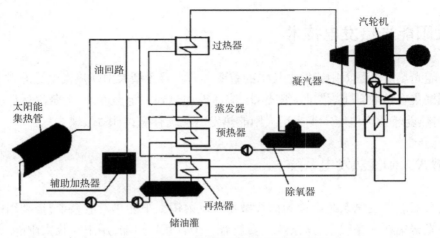

图 3-14　槽式太阳能热发电系统原理图

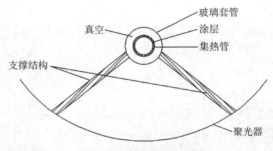

图 3-15　槽式集热系统

集热管是槽式太阳能热发电系统的一个关键部件,其能够将反射镜聚集的太阳能辐射能转换成热能(温度可达 400 摄氏度)。目前使用的集热管内层为不锈钢管,外层为玻璃管加两端金属波纹管。内管涂覆有选择性吸收涂层,以实现聚集太阳辐射的吸收率最大且红外波辐射最小。两端的玻璃-金属封接与金属波纹管实现密封连接,提供高温保护,密封内部空间保持真空,减少气体的对流与传导热损。

集热镜面(聚光器)采用超白玻璃材质,在保证一定聚焦精度的同时,还具有良好的抗风、耐酸碱、耐紫外线等性能。镜面由低铁玻璃弯曲制成,刚性、硬度和强度能够经受住野外恶劣环境和极端气候条件的考验,玻璃背面镀晶后喷涂防护膜,防止老化。同时,由于铁含量较低,该种玻璃具有很好的太阳光辐射透过性。

3.3.2　塔式太阳能热发电系统

塔式太阳能热发电系统又称集中式热发电系统。它是在很大面积的场地上装有许多台大型太阳能反射镜,通常称为定日镜,每台都各自配有跟踪机构,准确地将太阳光反射集中到一个高塔顶部的吸热器上。吸热器位于高塔上,定日镜阵列以高塔为中心,呈圆周分布,将太阳光聚焦到吸热器上,集中加热吸热器中的传热介质,介质温度上升,存入高温蓄热罐,然后用泵送入蒸汽发生器加热水产生蒸汽,利用蒸汽驱动汽轮机发电机组发电。汽轮机蒸汽经冷凝器冷凝后送入蒸汽发生器循环使用。在蒸汽发生器中放出热量的传热介质重新回到低温蓄热罐中,再送回吸热器加热。

如图 3-16 所示,塔式太阳能热发电系统主要由 4 个部分构成:聚光系统、集热系统、蓄热系统、发电系统,主要包括定日镜阵列、高塔、吸热气、传热介质、换热器、蓄热系统、控制系统及发电机组等。

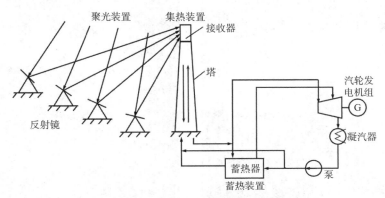

图 3-16　塔式太阳能热发电系统原理图

【试一试】建造大型塔式光伏发电系统,会带来哪些环境问题?

3.3.3　碟式太阳能热发电系统

碟式太阳能热发电系统又称盘式系统,外形类似于太阳灶。主要特征是采用盘状抛物面聚光集热器,其外形类似大型抛物面雷达天线(图 3-17)。由于碟式聚光器是一种点聚焦集热器,其聚光比可以高达数百到数千倍,因而可产生非常高的温度。

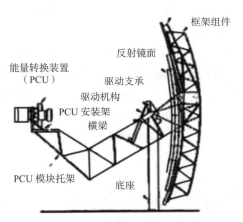

图 3-17　碟式太阳能热发电系统原理图

碟式聚光器(图 3-18)主要分为单碟式、多碟式。而碟式系统的能量转换方式主要有两种:一是采用斯特林引擎的斯特林循环,另一种是采用燃气轮机的布雷顿循环。其中斯特林系统光学效率高,启动损失小,效率高达 29%。

碟式热发电系统的光热转换效率高达 85% 左右,在三类系统中发电效率最高,使用灵活,既可以作分布式系统单独供电,也可以并网发电。但其造价在三种系统中也是最贵的。

（a）　　　　　　　　　　　　　　　　　　（b）

图 3-18　碟式聚光器
（a）单碟式　（b）多碟式

3.4　太阳能光电转换利用

太阳能光电直接转换方式是利用光电效应,将太阳辐射能直接转换成电能,光－电转换的基本装置就是太阳能电池。太阳能电池是一种由于光生伏特效应而将太阳光能直接转化为电能的器件,是一个半导体光电二极管。当太阳光照到光电二极管上时,光电二极管就会把太阳的光能变成电能,产生电流。许多电池串联和(或)并联起来就可以成为有比较大的输出功率的太阳能电池方阵。太阳能电池是一种大有前途的新型电源,具有永久性、清洁性和灵活性三大优点。太阳能电池使用寿命长,只要太阳存在,太阳能电池就可以一次投资而长期使用;与火力发电、核能发电相比,太阳能电池不会引起环境污染,无须消耗燃料,能源质量高,建设周期短。

3.4.1　太阳能电池

太阳能电池是利用光生伏特效应制成的一种器件,也称光伏电池。太阳能电池于 1954年诞生于美国贝尔实验室,随后, 1958 年被用作"先锋 1 号"人造卫星的电源。由于太阳能电池具有较长的工作寿命,理论上可安全工作达 20 年之久,从而彻底取代了只能连续工作几天的化学电池,为航天事业的发展提供了一种新的能源动力。

1. 太阳能电池的原理

　　太阳能电池的原理是基于半导体 P-N 结的光生伏特效应将太阳能直接转换成电能。光生伏特效应简称光伏效应,是指当物体收到光照时,其体内的电荷分布状态发生变化而产生电动势和电流的一种效应。当入射光照射在太阳能电池上时,能量大于硅禁带宽度的光子穿过减反射膜进入硅内,在 N 区、消耗区和 P 区激发出电子-空穴对(光生载流子)。光生电子-空穴对在耗尽区中产生后,立即被内建电场分离。空穴被送进 P 区,电子被推进 N 区。从而使 N 区有过剩的电子, P 区有过剩的空穴,在 P-N 结附近形成与势垒电场相反的光生电场。光生电场的一部分除抵消势垒电场外,还使 P 型层带正电, N 型层带负电,使得 N 区和 P 区之间的薄层产生光伏电动势,即光生电压。若分别在 P 型层和 N 型层焊上金属引线,接通负载,则外电路便有电流通过。如此形成一个电池元件,把它们串联和(或)并联起来,就能产生一定的电压和电流,输出功率。光伏效应原理图和太阳能电池结构如图 3-19、3-20 所示。

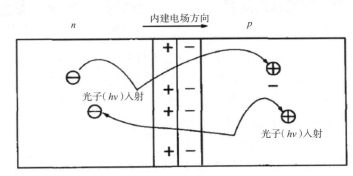

图 3-19　光伏效应原理示意图

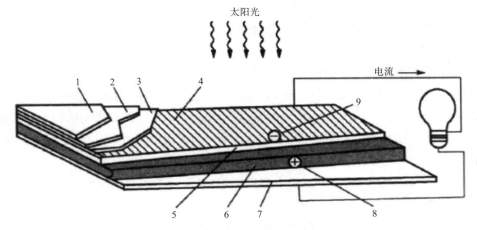

图 3-20　太阳能电池结构

1—玻璃盖板;2—胶黏剂;3—减反射涂层;4—前电极;5—N 型半导体;6—P 型半导体;7—背电极;8—空穴;9—电子

2. 太阳能电池的分类

　　太阳能电池种类很多,可用各种方法对太阳能电池进行分类,如按基体材料分类、按结构分类、按用途分类。

1)按基体材料分类

(1)晶体硅太阳能电池:是指以硅为基体材料的太阳能电池,有单晶硅、多晶硅太阳能电池等(图3-21、图3-22)。多晶硅太阳能电池又可分为片状、筒状、球状多晶硅太阳电池和铸造多晶硅太阳能电池等多种类型。

图3-21　单晶硅太阳能电池　　　　　　图3-22　多晶硅太阳能电池

(2)非晶体硅太阳能电池:是指以 α-Si 为基体材料的电池。有 P-I-N 单结非晶硅薄膜太阳能电池、双结分晶硅薄膜太阳能电池和三结非晶硅薄膜太阳能电池等。

(3)薄膜太阳能电池:是指用单质元素、无机化合物或有机材料等制作的薄膜为基体材料的太阳能电池,其厚度约为 1~2 微米。主要有化合物半导体薄膜太阳能电池、非晶硅薄膜太阳能电池、微晶硅薄膜太阳能电池等。

(4)化合物太阳能电池:是指用两种或两种以上元素组成的具有半导体特性的化合物材料制成的太阳能电池。常见的有硫化镉、铜铟硒、碲化镉、砷化镓太阳能电池等。

(5)有机半导体太阳能电池:是指用含有一定数量的 C—C 键且导电能力介于金属和绝缘体之间的半导体材料制成的太阳能电池。

2)按结构分类

(1)同质结太阳能电池。由同一种半导体材料形成的 P-N 结称为同质结,用同质结构成的太阳能电池称为同质结太阳能电池,如晶硅太阳能电池、砷化镓太阳能电池等。

(2)异质结太阳能电池。由两种禁带宽度不同的半导体材料形成的结构为异质结,由异质结结构构成的太阳能电池称为异质结太阳能电池,如砷化镓-硅太阳能电池、硫化亚铜-硫化镉太阳能电池等。

(3)复合结太阳能电池:是指由多个 P-N 结形成的太阳能电池,又称多结太阳能电池。有垂直多结、水平多结太阳能电池等。

(4)肖特基太阳能电池:是指利用金属-半导体界面的肖特基势垒构成的太阳能电池,如铂-硅肖特基太阳能电池等。

(5)液结太阳能电池:是指用浸入电解质中的半导体构成的太阳能电池,又称光电化学电池。

【试一试】给你一块光伏电池板,测量其在室内和阳光照射情况下的输出电压分别是多少？连接合适的负载,测量在不同情况下通过负载的电流数值。

3.4.2　光伏发电

光伏发电是太阳能电池的主要应用。光伏发电系统是由太阳能光伏电池、控制器和电能存储及变换系统构成的发电与电能变换系统。光伏发电系统按其应用可分为两大类:独立光伏发电系统和并网光伏发电系统。

1. 独立光伏发电系统(图 3-23)

独立光伏发电系统由太阳能电池阵列、充电控制器、蓄电池组、逆变器等组成,其工作原理为:太阳能电池将接收到的太阳能直接转换成电能供直流负载或通过逆变器逆变后转换为交流电供负载使用,并将多余能量经过充电控制器后以化学能形式存储在蓄电池中,在日照不足时,存储在蓄电池中的能量经过变换后供负载使用。在人口分散、现有电网不能完全覆盖的偏远地区,独立光伏发电系统因具有就地取材、受地域影响小、无须远距离输电、可大大节约成本等优点,得到了较为广泛的利用。

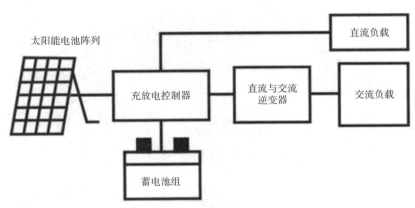

图 3-23　独立光伏发电系统组成结构

2. 并网光伏发电系统(图 3-24)

并网光伏发电系统主要由太阳能光伏阵列、逆变器、配电设备等部分组成。其工作原理为:太阳能电池所发直流电经逆变器逆变成与电网相同频率的交流电,以电压源或电流源的方式送入电网。容量可视为无穷大的公共电网在这里扮演着储能环节的角色。因此并网光伏发电系统不需要额外的蓄电池,降低了系统运行成本,提高了系统运行和供电稳定性。并且并网光伏发电系统的电能转换系统大大高于独立系统,它是现今太阳能发电技术应用最多的形式。

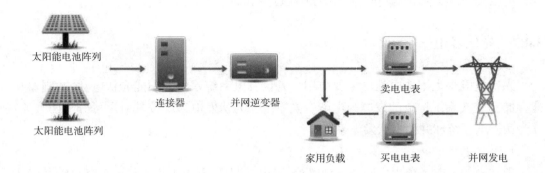

图 3-24　并网光伏发电系统组成结构

图 3-25 所示为户用并网光伏发电系统。白天发电产生电能卖给公共电网,多余的电量卖给电网,晚上从公共电网买电,通过享受卖电与买电的差价,获得收益。

图 3-25　户用并网光伏发电系统

3. 光伏发电技术的应用

光伏发电技术广泛应用于交通、通信、生活、发电等多领域,其典型应用如下。

1)太阳能路灯

太阳能路灯(图 3-26)是独立光伏发电系统的典型应用,由太阳能电池组件、蓄电池、充电控制器、照明电路、灯杆等组成,集光、电、机械、控制等技术为一体,常常与周边的优美环境融为一体。与传统路灯相比,它具有安装简单、节能、无损耗、无须长距离敷设电气线路等优点。

图 3-26 太阳能路灯

除了太阳能路灯之外,常见的太阳能灯还包括太阳能草坪灯、航标灯、交通灯等(图 3-27)。

图 3-27 太阳能草坪灯、航标灯和交通灯

2)光伏建筑一体化

光伏建筑一体化,即将光伏技术与建筑一体化相结合,在世界各地都能见到这种科技与环保节能相结合的典范(图 3-28、图 3-29)。

图 3-28 太阳能幕墙   图 3-29 太阳能屋顶

3）太阳能通信

光伏发电系统在通信领域广泛应用于无人值守的微波中继站（图 3-30）、光缆维护站、小型通信基站（图 3-31）等。

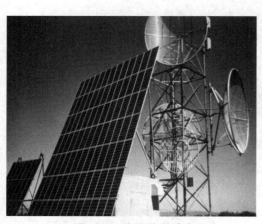

图 3-30　太阳能微波中继站

图 3-31　太阳能通信基站

4）光伏电站

目前,光伏发电应用最广泛的当属光伏电站,光伏电站也可以分成很多类型。图 3-32 所示为青海的海南藏族自治州某大型地面光伏电站。大型地面光伏电站一般利用荒漠、戈壁、滩涂、草原、矿场等限制或废弃土地资源建设安装。

图 3-32　大型地面光伏电站

图 3-33 所示为某农光互补光伏电站,该电站在大棚上方敷设光伏组件,在大棚下面开展农业、苗圃或养殖的项目。

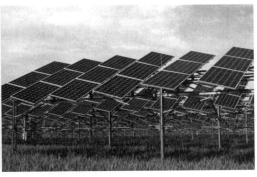

图 3-33　农光互补光伏电站

图 3-34 所示为渔光互补光伏电站,该光伏电站在鱼塘水面上方架设光伏板阵列,光伏板下方水域可以进行鱼虾养殖,光伏阵列还可以为养鱼提供良好的遮挡作用,形成"上可发电、下可养鱼"的发电新模式。

图 3-34　渔光互补光伏电站

3.5　太阳能产业概况及发展趋势

众所周知,可再生的新能源将成为 21 世纪能源发展的重中之重。而太阳能作为可再生新能源的重要一员,吸引了越来越多的关注,正在为各个国家、各个行业所重视。

3.5.1　产业发展概况

1. 光伏发电产业发展概况

我国太阳能发电建设始于 20 世纪 70 年代,主要经历了以下几个阶段。

1）初始阶段

受高成本等因素限制,光伏发电发展缓慢,在很长时间内仅限于小功率电源系统的研究,难以实现大规模发展。

2）起步阶段

2000 年后,国家启动了送电到乡、光明工程等一系列扶持项目,为偏远无电地区解决用电问题。随着光伏发电技术的成熟,成本的逐步降低,上网电价的初步明确和国家改善能源结构需要的日益增加,集中式光伏发电得到迅猛发展。

3)金太阳阶段

从 2009 年开始,我国启动了光电建筑应用示范项目、金太阳示范工程和大型光伏电站特许权招标等项目。2012 年以前的光伏发展以大型光伏电站为主,分布式只是初步发展。金太阳工程项目实施 50% 的初始投资补贴,高初装补贴在带动大型光伏电站发展的同时也带动了分布式光伏发电站数量的增长;2011 年新增分布式装机同比增长 245.8%,2012 年同比增长 79.7%。

4)重挫阶段

2012 年,美国挑起"双反",后来欧洲加入到贸易战阵营,我国光伏产业发展遭遇重挫。但我国光伏企业快速回归国内市场,同时政府加大了对光伏应用的支持力度,发布《太阳能发电发展十二五规划》以及分布式光伏发电规模化应用示范区等举措,再加上光伏系统投资成本不断下降,光伏应用市场有所回暖。

5)回暖阶段

2013 年 7 月,国务院发布《关于促进光伏产业健康发展的若干意见》(简称"国八条")明确提出到 2015 年中国总装机容量须达到 35 吉瓦以上。同时第一次从源头厘清和规范了补贴年限、电价结算、满发满收等核心问题,我国光伏发电装机开始出现迅猛增长。2013 年 8 月,国家发改委出台《关于发挥价格杠杆作用促进光伏产业健康发展的通知》,确定分布式光伏度电按每度含税 0.42 元全电量补贴,开启光伏度电补贴时代。

6)迅速增长阶段

2016 年 11 月推出的《太阳能发电发展"十三五"规划》指出到,2020 年,太阳能发电装机达到 1.1 亿千瓦以上,其中分布式光伏 6 000 万千瓦以上。而目前最宽泛口径下的分布式光伏项目仅为 10 吉瓦。

2016 年,国家继续鼓励自发自用分布式、屋顶分布式光伏的建设。同时由于"三北地区"的弃光限电问题,对大型电站的建设进行限制,因此分布式光伏快速发展。2016 年,分布式光伏新增装机量达 4 240 兆瓦,同比增长 205%。

2017 年 12 月 22 日,国家发改委发布《光伏发电项目价格政策的通知》指出,2018 年 1 月 1 日起我国一类至三类资源区光伏电站的标杆上网电价分别为每千瓦时 0.55 元、0.65 元、0.75 元,比 2017 年电价每千瓦时下调 0.1 元。与集中式光伏标杆电价逐步下调不同的是,自发自用类分布式光伏的电价补贴仅下调 0.05 元/千瓦时。这使得自发自用类分布式光伏电站的收益仍然保持了很高的水平,并将最终促成 2018 年光伏发电项目的快速发展。

7)推进平价上网

2018 年 6 月 1 日,国家发改委、财政部、国家能源局联合发布《关于 2018 年光伏发电有关事项的通知》,要求合理把握发展节奏,优化光伏发电新增建设规模,明确指出对包括户用光伏在内的分布式光伏进行规模管理,2018 年的上限为 10 千瓦时;标杆上网电价,分布式全额上网、余电上网补贴统一下降 0.05 元/千瓦时;暂不安排 2018 年普通光伏电站,视光伏发电规模优化情况,再行研究启动领跑者基地建设。其中,该通知关于"完善光伏发电电价机制,加快光伏发电电价退坡"以及停止分布式光伏补贴的内容引发市场热议和震动。这次的政策被认为是史上"最严厉"的光伏新政,直接叫停普通光伏电站,控制分布式光伏规模,降低补贴强度,其力度之大、波及范围之广,令广大光伏发电企业措手不及。

2019 年 4 月 28 日,国家发改委发布《关于完善光伏发电上网电价机制有关问题的通知》提出,科学合理引导新能源投资,实现资源高效利用,促进公平竞争和优胜劣汰,推动光伏发电产业健康可持续发展,完善了光伏发电上网电价机制,进一步推进了光伏平价上网进程。

据国家能源局统计,截至 2018 年底,我国光伏发电装机达到 1.74 亿千瓦,较上年新增 4 426 万千瓦,同比增长 34%。2018 年,全国光伏发电量 1 775 亿千瓦时,同比增长 50%;平均利用小时数为 1 115 小时,同比增加 37 小时。

2. 光热发电产业发展概况

我国太阳光热发电产业主要分为以下几个时期。

1)萌芽阶段(2003—2010 年)

在此期间,我国开始建设若干个光热试验性示范项目,开始酝酿第一个光热发电特许权招标项目,社会资本开始布局光热发电产业链,一批先驱型光热发电企业开始诞生。

2003 年,我国开始酝酿筹建光热发电示范项目。

2004 年,河海大学与以色列威茨曼科学研究院、以色列 EDIG 公司、南京春晖科技实业有限公司合作开展塔式太阳能热发电技术研究,并于 2005 年 10 月在南京市江宁区建成一个 70 千瓦的塔式太阳能热发电试验系统,该项目被命名为"东方一号",这是我国第一个建成的塔式光热发电试验系统。

2006 年 12 月,国家"863 计划"中太阳能热发电技术及系统示范重点项目正式立项,其目标是研究塔式太阳能热发电关键技术,建立太阳能热发电实验系统和实验平台,探索高效能、大规模、低成本的商业化电站的技术路径,为我国太阳能热发电技术的研发奠定基础。在此计划支持下,位于延庆八达岭的中科院电工所的国内第一个兆瓦级塔式光热发电项目大汉电站启动建设。该项目由中科院、皇明太阳能股份有限公司和华电集团联合开发建设,总投资 1.2 亿元。但由于无技术和经验积累,没有很好的产业链协同支持,项目在摸索中推进,整体进度缓慢。

2007 年 9 月,《可再生能源中长期发展规划》发布,这是我国第一部专门针对可再生能源的发展规划。该规划明确规定,到 2010 年,可再生能源年利用量占能源消费总量的 10%,到 2020 年达到 15% 的目标。该规划把建设太阳能发电站列入了重点发展领域,要求建设大规模的太阳能光伏电站和太阳能热发电站。

2008 年 3 月,《可再生能源"十一五"规划》发布,对太阳能发电总容量提出了具体的发展目标。该规划指出,2010 年,我国太阳能发电装机容量达到 30 万千瓦,并择机进行兆瓦级并网太阳能光伏发电示范工程和万千瓦级太阳能热发电试验和试点工作,为实现太阳能发电技术的规模化应用奠定技术基础。

2009 年 8 月,国电青松吐鲁番新能源 180 千瓦光热发电中试项目开建,总投资 1 500 万元,其中集热器 24 台,总集热面积 1 728 平方米。该项目于 2011 年 6 月 13 日并网投运。

2009 年,兰州大成科技股份有限公司 200 千瓦光热发电示范项目开建,分别由两组 150 米槽式聚光集热回路和两组 96 米长的线性菲涅尔聚光集热回路构成。2011 年,该项目的槽式系统建成。2012 年 5 月 9 日,整体项目并网发电,有功功率超过 150 千瓦,当天并网发电量超过 200 千瓦时。

2010 年,华能三亚南山 1.5 兆瓦光热发电项目立项,由华能集团清洁能源技术研究院负责技术研发,依托华能南山电厂,将建设 1.5 兆瓦菲涅尔式光热-联合循环混合电站示范项目。

2)产业完善阶段(2011—2015 年)

2011—2015 年是中国光热发电试验和产业链完善阶段。在这一时期,中国相继建成了多个小型试验示范性项目,国内的光热发电装备制造业获得了长足发展,产业链逐步健全、壮大、趋于完整。

2011 年 6 月,国家发改委下发《产业结构调整指导目录(2011 年本)》,光热发电被列为新能源鼓励类中的第一项。业内人士彼时据此认为,"十二五"期间,国家将大力推进光热发电及其相关的装备制造业的发展。该项政策对光热产业链的发展壮大起到了至关重要的推动作用。

2012 年 8 月 9 日 13 时 18 分,中科院电工所延庆 1 兆瓦塔式试验电站首次发电成功。该项目历时近六年终于完成。该项目是我国自行研发、设计和建设的兆瓦级塔式太阳能电站,也是亚洲首座兆瓦级电站,这一项目的成功发电对我国光热发电产业化意义重大。

2012 年 8 月,《可再生能源发展"十二五"规划》发布。规划指出,到 2015 年,可再生能源年利用量达到 4.78 亿吨标准煤,其中商品化年利用量达到 4 亿吨标准煤,在能源消费中的比重达到 9.5% 以上。2015 年各类可再生能源的发展指标是:水电装机容量 2.9 亿千瓦,累计并网运行风电 1 亿千瓦,太阳能发电 2 100 万千瓦,其中光伏发电 20 吉瓦,光热发电 1 吉瓦。

2012 年 9 月,中国第一座碟式斯特林太阳能光热示范电站投运。该示范电厂位于鄂尔多斯市乌审旗,装机 100 千瓦,占地面积约 5 000 平方米,预计年发电量为 20 万千瓦时。

2012 年 9 月,国家能源局正式发布《太阳能发电"十二五"规划》,据此规划,到 2015 年底,我国太阳能发电装机容量达到 2 100 万千瓦以上,年发电量达到 250 亿千瓦时。其中太阳能光热发电完成装机 100 万千瓦。该规划强调,在青海、新疆、甘肃、内蒙古等太阳能资源和未利用土地资源丰富地区,以增加当地电力供应为目的,建成并网光伏电站,总装机容量达到 1 000 万千瓦。以经济性与光伏发电基本相当为前提,建成光热发电总装机容量 100 万千瓦。

2012 年 10 月,华能三亚 1.5 兆瓦菲涅尔光热燃气联合循环示范电站项目投运。该项目采用了全国产化设备,拥有 30 多项技术专利。与华能南山电厂的联合循环发电系统组成了我国第一个太阳能光热与天然气发电的混合式发电系统。此项目的成功标志着我国在菲涅尔光热电站的产业化进程中迈出了重要一步。

2013 年 6 月,龙腾太阳能在内蒙古建设 600 米槽式标准回路,意味着全球第一条处于高纬度、严寒环境下的槽式国际标准 LOOP 示范线建成,实现了商业电站典型工况下的稳定运行。

2013 年 7 月，中控德令哈 10 兆瓦光热发电示范工程成功并网发电。

2013 年 10 月，三花内蒙古 1 兆瓦碟式光热发电示范项目建成。该系统采用空气作为传热介质，被加热的空气被汇聚至中央换热器，再与水换热产生温度高达 540 摄氏度的过热蒸汽驱动汽轮机发电，光电转换效率高达 28%。

2014 年，我国光热发电项目首次获得正式的上网电价，我国首个光热发电示范项目中控德令哈 10 兆瓦塔式电站，上网电价为 1.2 元/千瓦时（含税），对国内光热发电市场产生重大利好。电价政策作为国内光热发电市场发展的最大瓶颈，已开始逐步消融，中国光热发电市场将借此步入规模化示范项目的密集开发期。

2014 年 7 月，中广核德令哈 50 兆瓦槽式光热电站正式开工。

2014 年 11 月，我国首个光煤互补示范项目成功实现联合运行。

2015 年 9 月 30 日，国家能源局下发《关于组织太阳能热发电示范项目建设的通知》，示范项目申报工作随即展开，此次示范项目申报的总装机约为 883.2 万千瓦，数量共计 111 个。

2015 年 10 月，我国建成首个塔式二次反射熔盐系统光热示范项目。

3）商业示范阶段（2016—2020 年）

2016 年国家首批示范项目名单和电价政策落地，这意味着，2016—2020 年，将是中国光热发电的商业化示范阶段。

2016 年 9 月，光热发电电价政策正式出台，确定为 1.15 元/千瓦时。国家能源局正式发布《国家能源局关于建设太阳能热发电示范项目的通知》，共 20 个项目入选中国首批光热发电示范项目名单，包括 9 个塔式电站，7 个槽式电站和 4 个菲涅尔电站，无碟式项目入围，总装机容量约 1.35 吉瓦。该通知同时明确，为保障太阳能热发电项目的技术先进性和产业化发展，避免盲目投资和低水平重复建设，在"十三五"时期，太阳能热发电项目均应纳入国家能源局组织的国家太阳能热发电示范项目统一管理，且只有纳入示范项目名单的项目才可享受国家电价补贴。

2016 年 11 月 7 日正式发布的《电力发展"十三五"规划》和 2016 年 12 月 10 日正式发布的《可再生能源发展"十三五"规划》等"十三五"规划文件均提出，到 2020 年，实现我国太阳能发电装机 1.1 亿千瓦，其中光热发电总装机规模 500 万千瓦的发展目标。

2016 年 8 月 20 日，中控太阳能德令哈 10 兆瓦塔式熔盐光热电站一次性打通全流程并成功并网发电，该电站实现满负荷发电，各项参数指标完全达到设计值。该电站是我国首座成功投运的规模化储能光热电站，也是全球第三座投运的具备规模化储能系统的塔式光热电站。

2016 年 10 月 12 日，我国首个高温熔盐槽式光热发电示范回路在甘肃阿克塞并网投运。该示范回路也是我国首批 20 个光热发电示范项目之一的金钒能源甘肃阿克塞 50 兆瓦熔盐槽式光热发电项目的测试平台和先导工程，其成功投运也为后期 50 兆瓦商业化电站的开发奠定了基础。

2016 年 12 月，首航节能敦煌 10 兆瓦熔盐塔式光热电站并网发电，成为中国第一座可实现 24 小时连续发电的熔盐塔式光热发电站。

3.5.2　产业发展趋势

近年来,太阳能的开发、利用规模快速扩大,技术进步和产业升级加快,成本显著降低,已成为全球能源转型的重要领域。"十二五"时期,我国光伏产业体系不断完善,技术进步显著,光伏制造和应用规模均居世界前列。太阳能热发电技术研发及装备制造取得较大进展,已建成商业化试验电站,初步具备了规模化发展条件。太阳能热利用持续稳定发展,并向建筑供暖、工业供热和农业生产等领域扩展应用。

"十三五"时期是太阳能发展的关键时期,基本任务是产业升级、降低成本、扩大应用,实现不依赖国家补贴的市场化自我持续发展,成为实现 2020 年和 2030 年非化石能源分别占一次能源消费比重 15% 和 20% 目标的重要力量。

我国为了实现 2020 年和 2030 年非化石能源占一次能源消费比重 15% 和 20% 的目标,促进能源转型,国家能源局于 2016 年 11 月发布了《太阳能发展"十三五"规划》,指出了我国太阳能产业发展趋势,具体如下。

1)推动光伏发电多元化利用并加速技术进步

围绕优化建设布局、推进产业进步和提高经济性等发展目标,因地制宜促进光伏多元化应用。结合电力体制改革,全面推进中东部地区分布式光伏发电。综合土地和电力市场条件,统筹开发布局与市场消纳,有序规范推进集中式光伏电站建设。通过竞争分配项目实现资源优化配置,实施"领跑者"计划,加速推进光伏发电技术进步和产业升级,加快淘汰落后产能。依托应用市场促进制造产业不断提高技术水平,推进全产业链协调创新发展,不断完善光伏产业管理和服务体系。

2)通过示范项目建设推进太阳能热发电产业化

积极推进示范项目建设,及时总结建设和运行经验,建立健全政策和行业管理体系,完善各项技术标准,推动太阳能热发电产业规模化发展。推进多种太阳能热发电技术路线的产业化,建立各项标准和检测认证服务体系,推动我国太阳能热发电产业进入国际市场并不断提高产业竞争力。

3)不断拓展太阳能热利用的应用领域和市场

巩固扩大太阳能热水市场,推动供暖和工农业热水等领域的规模化应用,拓展制冷、季节性储热等新兴市场,形成多元化的市场格局。大幅度提升企业研发、制造和系统集成等方面的创新能力,加强检测和实验公共平台等产业服务体系的建设,形成制造、系统集成、运营服务均衡发展的太阳能热利用产业格局,形成技术水平领先、国际竞争力强的优势产业。

到 2020 年底,太阳能发电装机达到 1.1 亿千瓦以上,其中,光伏发电装机达到 1.05 亿千瓦以上,在"十二五"基础上每年保持稳定的发展规模;太阳能热发电装机达到 500 万千瓦。太阳能热利用集热面积达到 8 亿平方米(表 3-2)。到 2020 年,太阳能年利用量达到 1.4 亿吨标准煤以上。

表 3-2　"十三五"太阳能发展主要指标

指标类别	主要指标	2015 年	2020 年
装机容量指标(万千瓦)	光伏发电	4 318	10 500
	光热发电	1.39	500
	合计	4 319.39	11 000
发电量指标(亿千瓦时)	总发电量	396	1 500
热利用指标(亿平方米)	集热面积	4.42	8

【试一试】查阅资料,了解我国光伏产业的发展情况,以及在世界光伏产业中的重要地位。

第 4 章 风 能

【知识目标】

1. 了解并简述风的形成、风能资源的特点和基本特征,了解我国能源资源分布情况。
2. 了解风力发电机分类、风力发电系统组成和风力发电的运行方式。
3. 了解我国风能产业发展情况和发展趋势。

【能力目标】

1. 能够根据四季的变化说明本地区产生季风的原因。
2. 能够使用常用电工仪器检测风力发电简单应用系统。
3. 能够查找、阅读并理解我国风能利用相关政策。

风能是流动的空气所具有的能量,是由气压的差异造成的。当气压差异存在时,空气会从高压区域向低压区域移动,从而产生风速大小不同的风。20 世纪 70 年代中叶以后,风能日益受到重视,是 21 世纪可大规模开发的一种可再生清洁能源,其开发、利用也呈现出不断升温的势头。

4.1 风能资源

风主要是由太阳辐射而引起空气流动的一种自然现象。风能属于可再生清洁能源,不会随着其本身的转化和人类的利用而减少。与传统化石能源相比,风能不受价格影响,不存在枯竭的威胁,没有污染,是清洁能源,开发风能发电可以减少二氧化碳等有害排放物。据统计,每装 1 台单机容量为 1 兆瓦的风能发电机组,每年可以减少 2 000 吨二氧化碳、10 吨二氧化硫、6 吨二氧化氮的排放。

随着相关技术进步导致的成本不断降低,风能已成为世界上发展速度最快的新型能源。据全球风能委员会(GWEC)统计, 2018 年全球风电新增装机容量为 51.33 吉瓦,全球累计总安装量已达到 591.55 吉瓦。经过多年发展,到 2018 年底我国风电累计装机容量达到 209.533 吉瓦,我国风电累计装机容量占全球的比重从 2000 年的 2.0% 增长至 2018 年的 35.4%。

风能是一种过程性能源,其供应具有随机性,在利用风能时必须考虑储存并与其他能源协同供给。按照不同的需求,风能可以转化为其他形式的能量,如机械能、电能、热能等,以实现灌溉、发电、供热、风帆助航等功能。

4.1.1 风的形成

风是由空气流动引起的一种自然现象。形成风的主要原因是地球上各纬度所接收的太阳辐射强度不同。地球上不同地点的太阳高度是不同的,而且由于地球的自转和公转,同一地点每天的太阳高度也是变化的。地球上某处所接收的太阳辐射能与该地点太阳高度的正弦成正比。在低纬度地区,太阳高度大,日照时间长,太阳辐射强度强,地面接收的热量多,地表和大气温度较高,导致气压较低;高纬度地区太阳高度小,日照时间短,地面接收的热量少,地表和大气温度低,导致气压较高。这种高纬度与低纬度之间的气温差异,形成了气压梯度,使空气水平运动,风沿水平气压梯度降低的方向吹,即垂直于等压线从高压带向低压带吹。同时,地球又绕自转轴每 24 小时旋转一周,导致温度、气压的昼夜变化。这样,由于地球表面各处的温度、气压变化,气流就会从压力高处向压力低处运动,因此形成不同方向的风,并伴随更多的气象变化。

地球的自转使空气水平运动发生偏向的力,称为地转偏向力,这种力使北半球的气流向右偏转,南半球的气流向左偏转,因此地球大气运动除受气压梯度力外,还要受地转偏向力的影响,大气的真实运动是这两种因素综合影响的结果。从全球角度来看,大气中的气流是巨大的能量传输介质,地球的自转进一步促进了大气中半永久性的行星尺度环流的形成,图4-1 所示为全球大气环流示意图。

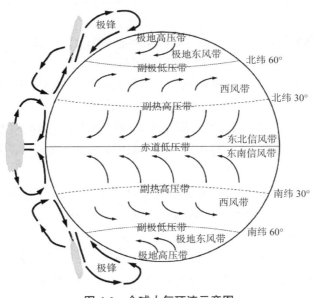

图 4-1 全球大气环流示意图

4.1.2 风能资源的特点和基本特征

风蕴藏丰富的能量,在自然界中所起的作用也是很大的。它可侵蚀山岩,造成沙漠,形成风海流。风还在地球表面和大气层起到输送水分的作用,这种水汽循环主要是由强大的空气流输送的,从而影响气候,造成雨季和旱季。风中含有的能量,比人类迄今为止所能控制的能量高得多。全世界每年燃烧煤炭得到的能量,还不到风力在同一时间内所提供能量的 1%。可见,风能是地球上重要的能源之一。风能与其他能源相比,既有其明显的优点,又有其突出的局限性。风能具有四大优点:蕴量巨大、可以再生、分布广泛、没有污染。风能也有密度低、不稳定和地区差异大的三大弱点。

1)密度低

这是风能的一个主要缺陷。由于风能来源于空气的流动,而空气的密度很小,因此风力的能量密度也很小,只有水力的 1/1 000。在各种可再生能源中,风能的能量密度是极低的,这给其利用带来一定的困难(表 4-1)。

表 4-1　　各种可再生能源的能量密度

能源类别	风能	水能	波浪能	潮汐能	太阳能	
					晴天平均	昼夜平均
能量密度(千瓦/平方米)	0.02	20	30	100	1	0.16

2)不稳定

由于气流瞬息万变,风的脉动、日变化、季变化以至年的变化都十分明显,极不稳定。

3)地区差异大

由于地理位置和地形的影响,风力的地区差异非常明显。即使在一个邻近的区域,有利地形下的风力往往是不利地形下的几倍甚至几十倍。

各地风能资源的多少,主要取决于该每年风的时间长短和风的强度。风能资源的基本特征包括风速、风向、风频、风级、风能密度等。

（1）风速,是指空气相对于地球某一固定地点的运动速率,常用单位是米/秒,1 米/秒 = 3.6 千米/小时。风速没有等级,风力才有等级,风速是风力等级划分的依据。一般来讲,风速越大,风力等级越高,风的破坏性越大。

（2）风向,气象上把风吹来的方向确定为风的方向。因此,风来自北方称为北风,来自南方称为南风。当风向在某个方位左右摆动不能肯定时,则加以"偏"字,如偏北风。当风力很小时,则采用"风向不定"来说明。

风向的测量单位,用方位来表示。如陆地上,一般用 16 个方位表示;在海上,一般用 36 个方位表示。在高空,则用角度表示,是把圆周分成 360 度,北风是 0 度(即 360 度),东风是 90 度,南风是 180 度,西风是 270 度。

（3）风频,通常用风向频率(简称风频)这个量来表示某个方向的风出现的频率,是指一年(月)内某方向风出现的次数和各方向风出现的总次数的百分比,即,

风向频率 = 某风向出现次数/风向的总观测次数 ×100%。

（4）风级,风力等级简称风级,是风强度的一种表示方法。风力是指风吹到物体上所表现出的力量的大小。世界气象组织将风力划分 12 级,如表 4-2 所示。

表 4-2 风力等级划分表

风级	名称	风速（米/秒）	陆地物象	水面物象	浪高（米）
0	无风	0~0.2	烟直上，感觉没风	平静	0.0
1	软风	0.3~1.5	烟示风向，风向标不转动	微波峰无飞沫	0.1
2	轻风	1.6~3.3	感觉有风，树叶有一点响声	小波峰末破碎	0.2
3	微风	3.4~5.4	树叶树枝摇摆，旌旗展开	小波峰顶破裂	0.6
4	和风	5.5~7.9	吹起尘土、纸张、灰尘、沙粒	小浪白沫波峰	1.0
5	轻劲风	8.0~10.7	小树摇摆，湖面泛小波	中浪折沫峰群	2.0
6	强风	10.8~13.8	树枝摇动，电线有声，举伞困难	大浪到个飞沫	3.0
7	疾风	13.9~17.1	步行困难，大树摇动	破风白沫成条	4.0
8	大风	17.2~20.7	折毁树枝	浪长高有浪花	5.0
9	烈风	20.8~24.4	屋顶受损，瓦片吹飞	浪峰倒卷	7.0
10	狂风	24.5~28.4	拔起树木，摧毁房屋	海浪翻滚咆哮	9.0
11	暴风	28.5~32.6	损毁普遍，房屋吹走	波峰全呈飞沫	11.5
12	台风或飓风	32.7~36.9	路上极少，造成巨大灾害	海浪滔天	14.0

5）风能密度，又称风功率密度，是气流在单位时间内垂直通过单位面积的风能，单位为瓦/平方米，是描述一个地方风能潜力的最方便、最有价值的量。风能密度计算公式如下。

$$W = 0.5\rho v^3$$

式中，W 为风能密度，瓦/米^2；ρ 为空气密度，千克/米^3；v 为风速，米/秒。

由于风速是变化的，风能密度的大小也是随时间变化的。一定时间内，风能密度的平均值称为平均风能密度，如下：

$$W = \frac{\rho \sum N_i v_i^3}{2N}$$

式中，W 为平均风能密度，瓦/米^2；v_i 为等级风速，米/秒；N_i 为等级风速 v_i 出现的次数；N 为各等级风速出现的总次数；ρ 为空气密度，千克/米^3。

4.1.3 我国风能资源分布

根据中国气象局估算，中国风能资源潜力约为每年 1.6×10^9 千瓦，其中约 1/10 可开发和利用，即 1.6×10^8 千瓦。我国风能资源的分布与天气气候背景有着非常密切的关系，国家气象局采用三级区划指标体系将我国风能资源划分。

第一级区划指标：主要考虑有效风能密度的大小和全年有效累积小时数。将年平均有效风能密度大于 200 瓦/米^2、3~20 米/秒风速的年累积小时数大于 5 000 小时的划为风能丰富区；将年平均有效风能密度在 150~200 瓦/米^2、3~20 米/秒风速的年累积小时数在 3 000~5 000 小时的划为风能较丰富区；将年平均有效风能密度在 50~150 瓦/米^2、3~20 米/秒风速的年累积小时数在 2 000~3 000 小时的划为风能可利用区；将年平均有效风能密度在 50 瓦/米² 以下、3~20 米/秒风速的年累积小时数在 2 000 小时以下的划为风能贫乏区（表 4-3）。

表 4-3　第一级区划指标分类说明

分　类	丰富区（Ⅰ）	较丰富区（Ⅱ）	可利用区（Ⅲ）	贫乏区（Ⅳ）
年有效风功率密度（瓦/米²）	>200	200~150	150~50	<50
年风速≧3 米/秒累计小时数（小时）	>5 000	<5 000~3 000	3 000~2 000	<2 000
年风速≧6 米/秒累计小时数（小时）	>2 200	<2 200~1 500	1 500~350	<350
占全国面积百分比（%）	8	18	50	24

第二级区划指标：主要考虑一年四季中各季风能密度和有效风力出现小时数的分配情况。利用 1961—1970 年间每日 4 次定时观测的风速资料，先将 483 个站风速大于、等于 3 米/秒的有效风速小时数点成年变化曲线。然后，将变化趋势一致的归在一起作为一个区。再将各季有效风速累积小时数相加，按大小次序排列。这里，春季指 3~5 月，夏季指 6~8 月，秋季指 9~11 月，冬季指 12、1、2 月。分别以 1、2、3、4 表示春、夏、秋、冬四季。如果春季有效风速（包括有效风能）出现小时数最多，冬季次多，则用"14"表示；如果秋季最多，夏季次多，则用"32"表示；其余依此类推（表 4-4）。

表 4-4　第二级区划指标分类说明

分类	1	2	3	4
季节	春	夏	秋	冬
月份	3、4、5	6、7、8	9、10、11	12、1、2

第三级区划指标：风力机最大设计风速一般取当地最大风速，在此风速下，要求风力机能抵抗垂直于风的平面上所受到的压强，使风机保持稳定、安全，不致产生倾斜或被破坏。由于风力机寿命一般为 20~30 年，为了安全，我们取 30 年一遇的最大风速值作为最大设计风速。根据我国建筑结构规范的规定，"以一般空旷平坦地面、离地 10 米高、30 年一遇、自记 10 分钟平均最大风速"作为进行计算的标准，计算了全国 700 多个气象台、站 30 年一遇的最大风速。按照风速，将全国划分为 4 级：风速在 35~40 米/秒以上（瞬时风速为 50~60 米/秒），为特强最大设计风速，称特强压型；风速在 30~35 米/秒（瞬时风速为 40~50 米/秒），为强最大设计风速，称强压型；风速为 25~30 米/秒（瞬时风速为 30~40 米/秒），为中等最大设计风速，称中压型；风速为 25 米/秒以下（瞬时风速小于 30 米/秒），为弱最大设计风速，称弱压型。4 个等级分别以字母 a、b、c、d 表示（表 4-5）。根据上述原则，可将全国风能资源划分为 4 个大区、30 个小区。

表 4-5 第三级区划分类说明

分 类	特强压型 a	强压型 b	中压型 c	弱压型 d
最大风速(米/秒)	35~40	30~35	25~30	<25
瞬时风速(米/秒)	50~60	40~50	30~40	<30
说 明	特强最大设 计风速	强最大设计风速	中等最大设 计风速	弱最大设 计风速

为了完善风力发电上网电价政策,我国国家发改委曾经把全国划分四类风能资源区,详细划分如下。

一类风能资源区:内蒙古自治区除赤峰市、通辽市、兴安盟、呼伦贝尔市以外其他地区;新疆维吾尔自治区乌鲁木齐市、伊犁哈萨克自治州、昌吉回族自治州、克拉玛依市、石河子市。

二类风能资源区:河北省张家口市、承德市;内蒙古自治区赤峰市、通辽市、兴安盟、呼伦贝尔市;甘肃省张掖市、嘉峪关市、酒泉市。

三类风能资源区:吉林省白城市、松原市;黑龙江省鸡西市、双鸭山市、七台河市、绥化市、伊春市,大兴安岭地区;甘肃省除张掖市、嘉峪关市、酒泉市以外其他地区;新疆维吾尔自治区除乌鲁木齐市、伊犁哈萨克自治州、昌吉回族自治州、克拉玛依市、石河子市以外其他地区;宁夏回族自治区。

四类风能资源区:除一、二、三类资源区以外的其他地区。

4.2 风能的使用

风能的利用方式大体上可分两种:一种是将风能直接转变为机械能应用;另一种就是将风能先转变成机械能,然后带动发电机发出电能加以使用,这就是风力发电。风力发电是目前风能的主要应用形式。

4.2.1 风能的使用历史

人类利用风能要比利用煤炭和石油都要早。最早的使用方式是风帆,早在两千多年以前,人们已开始用帆行船,秦朝时期赵佗将军的商团船队远航印度洋,使用的就是帆船。以风能作为动力,利用风直接带动机械装置,将风能转变成机械能,是人们长期使用的一种方式,如风力提水灌溉。图 4-2 所示是一种常见的风力提水机。

图 4-2　风力提水机

目前,世界上约有一百多万台风力提水机在正常运转。我国也在一些风力资源丰富的地区建设了一些区域特色的项目,如黄骅市灌溉项目等。

19 世纪末,人们着手研究风力发电技术。1891 年,丹麦建成了世界上第一座风力发电站。从此,风力发电进入人们的视野,逐渐成为人类社会能源供应之一。截止到 2018 年底,全球风电累计装机容量已经超过 500 吉瓦。近几年来,我国的风电装机容量迅速提高,目前约占全球装机容量的 1/3。

4.2.2　风力发电原理和分类

风力发电是指把风的动能转化为电能。风能是一种清洁无公害的可再生能源,很早就被人们利用,主要是通过风车来抽水、磨面等,而现在人们感兴趣的是如何利用风来发电。风力发电非常环保,且风能蕴量巨大,因此受到世界各国的日益重视。

1. 基本原理

风力机从人类长期使用风能的历史中得到发展,已有多种形式,基本原理是利用风轮从风中吸收能量,使叶轮获得动能,再直接使用或者将其转变成其他形式的能量,如热能、电能等。我们知道,想从流动的空气中得到能量,就必须降低空气的运动速度,例如树木的摇摆消耗掉风的能量。人们已经利用这种原理,通过绳索、滑轮和弹簧来带动水泵。现代风力机主要指风力发电,即风轮的机械能驱动发电机发电,以电能的形式供人类使用。在风力发电系统中,风力发电机是风力发电系统中的核心设备。

2. 风力发电机分类

风力发电机有不同的分类方式,介绍两种常见的分类方式:功率大小、主轴的方向。

1)按风力发电机的功率大小分类

微型风力发电机,其额定功率为 50~1 000 瓦;

小型风力发电机,其额定功率为 1~10 千瓦;

中型风力发电机,其额定功率为 10~100 千瓦;

大型风力发电机,其额定功率大于 100 千瓦。

通常离网型风力发电机组容量较小,容量从几百瓦到几十千瓦。自兆瓦级风力机出现后,风力机的尺寸和发电机组的单机容量增长速度加快。2014 年,丹麦建成了世界上最大的 V164-8.0 风力发电机组,如图 4-3 所示,该发电机组已经投入运行。

图 4-3　V164-8.0 风力发电机

2)按风轮轴(主轴)安装方向分类

风力发电机从结构上可分为两类。其一是水平轴风力发电机,叶片安装在水平轴上,叶片接受风能转动去驱动所要驱动的机械。水平轴风力机分多叶片低速风力机和 1~3 个叶片高速风力机。其二是垂直轴风力发电机。

(1)水平轴风力发电机。水平轴风力发电机可分为升力型和阻力型两类。升力型发电和旋转速度快,阻力型发电机旋转速度慢。对于风力发电,多采用升力型水平轴风力发电机,如图 4-4 所示。大多数水平轴风力发电机具有对风装置,能随风向改变而转动。对于小型风力机,这种对风装置采用尾舵,而对于大型的风力机,则利用风向传感元件及伺服电动机组成传动机构。风力机的风轮在塔架前面的称上风向风力发电机,风轮在塔架后面的则称下风向风力发电机。水平轴风力发电机的式样很多,有的具有反转叶片的风轮;有的在一个塔架上安装多个风轮,以便在输出功率一定的条件下减少塔架的成本;有的利用锥形罩,使气流通过水平轴风轮时集中或扩散,因此加速或减速;还有的水平轴风力机在风轮周围产生旋涡,集中气流,增加气流速度。

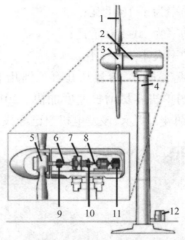

1—转子叶片;2—发动机箱;3、5—转子中心;4—塔架;6—低速转轴;7—变速箱;
8—高速转轴;9、10—制动装置;11—发电机;12—转换器

图 4-4　水平轴风力发电机

（2）垂直轴风力发电机。垂直轴风力发电机在风向改变时无须对风,在这点上,相对水平轴风力机是一大优点,它不仅使结构设计简化,而且也减少了风轮对风时的陀螺力。

垂直轴风力发电机也可以分成两种:H 形垂直轴风力发电机(图 4-5)、φ 形垂直轴风力发电机(图 4-6)。

图 4-5　H 形垂直轴风力发电机

图 4-6　φ 形垂直轴风力发电机

4.2.3　风力发电系统组成

风力发电系统通常由风轮、对风装置、调速(限速)机构、传动装置、发电装置、储能装置、逆变装置、控制装置、塔架及附属部件组成。

1. 风轮

风轮是集风装置,它的作用是把流动空气具有的动能转变为风轮旋转的机械能。风轮一般由叶片、叶柄、轮毂及风轮轴等组成,如图 4-7 所示。叶片横截面形式有 3 种:平板流线型、弧板流线型和流线流线型。风力发电机叶片横截面的形状,接近于流线流线型;而风力提水机的叶片多采用弧板流线型,也有采用平板流线型的。

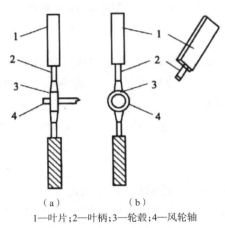

（a）　　　　　　（b）

1—叶片;2—叶柄;3—轮毂;4—风轮轴

图 4-7　大型风力发电机的结构

要获得较大的风力发电功率,其关键在于要具有能轻快旋转的叶片。所以,风力发电机叶片(简称风机叶片)技术是风力发电机组的核心技术,叶片的翼形设计、结构形式,直接影响风力发电装置的性能和功率,是风力发电机中最核心的部分。由于风机叶片的尺寸大、外形复杂,并且要求精度高、表面粗糙度低、强度和刚度高、质量分布均匀性好等,使得叶片技术成为风力发电大力发展的瓶颈。

2. 对风装置

自然风不仅风速经常变化,而且风向也经常变化。垂直轴式风车能利用来自各个方向的风,不受风向的影响。但是对于使用最广泛的水平轴螺旋桨式或多叶式风车来说,为了能有效地利用风能,应该经常使其旋转面对风向,因此几乎所有的水平轴风车都装有转向机构。常用的风力机的对风装置有尾舵、舵轮、电动机构和自动对风 4 种。图 4-8 是几种典型的风车转向机构。图 4-8(a)是最普通的尾舵转向机构,小型风车大多数采用这种转向机构。图 4-8(b)是利用装在风车两侧的小型风车(舵轮)的旋转力矩差进行转向的机构,中型风车大多数采用这种转向机构。图 4-8(c)是电动机构,它是把风向传感器和伺服电机结合起来的转向机构,这种机构可用于大型风车的转向。图 4-8(d)是利用自动对风,在顺风式风车上的阻力来转向的方法。因为这是一种很简单的转向方法,所以可用于各种形式的风车。

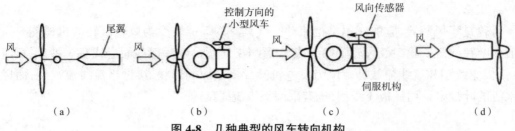

图 4-8　几种典型的风车转向机构

3. 调速机构

风轮的转速随风速的增大而变快,而转速超过设计允许值后,将可能导致机组毁坏或寿命减少。有了调速(限速)机构,即使风速很大,风轮的转速仍能维持在一个较为稳定的范围之内,防止超速乃至飞车的发生。

风力发电机的调速机构大体上有三种基本方式:减少风轮的迎风面积;改变翼形攻角值;利用空气阻尼力。

4. 传动装置

将风轮轴的机械能送至做功装置的机构,称为传动装置。在传动过程中,距离有远有近,有的需要改变方向,有的需要改变速度。风力机的传动装置与一般机器所采用的传动装置没有什么区别,多为齿轮(圆柱形或圆锥形)、胶带(俗称皮带,有平胶带、三角形胶带)、曲柄连杆、联轴器等。对于中、大型风力发电机,其传动装置均包括增速机构。而小型(尤其是微型)风力发电机,风轮轴可直接与发电机的转子相连接。

5. 发电装置

发电机是风力发电机组的重要组成部分之一,分为同步发电机和异步发电机两种。由于其结构复杂、维修量大,以前小型风力发电机用的直流发电机逐步被交流发电机所代替。目前,得到普遍应用的有同步发电机和异步发电机两种。

6. 储能装置

风力发电机最基本的储能方法是使用蓄电池,蓄电池种类较多,但在实际应用中主要有铅酸蓄电池和镉镍蓄电池等。而使用最多的还是铅酸蓄电池,尽管它的储能效率较低,但是它的价格便宜。

7. 逆变器装置

逆变器是一种将直流电变成交流电的装置。逆变器有不同类型,有一种逆变器是利用一个直流电动机驱动一个交流发电机,由于直流电动机以固定转速驱动发电机,所以发电机的频率不变。由于风力发电机受风速变化的影响,发电频率的控制难度大,需要先将发出的交流电整流成直流电,再用这种逆变器转变成质量稳定的交流电,供给对用电质量要求严格的用户,或将交流电送入电网。

8. 控制装置

由于风能是随机的,风力的大小时刻变化,必须根据风力大小及电能需要量的变化及时通过控制装置来实现对风力发电机组的启动、调节(转速、电压、频率)、停机、故障保护(超速、振动、过负荷等)以及对电能用户所接负荷的接通、调整及断开等。小容量的风力发电系统一般采用由继电器、接触器及传感元件组成的控制装置;容量较大的风力发电系统现在普遍采用微机控制。

9.塔架

在风能利用装置中,风车塔架是很重要的。塔架必须能够支撑发电机或提水机的机体。从成本上看,塔架的费用约占整个机组的 30%,小型风车的塔架所占比例还要高,有的机组甚至接近 50%。因此,对塔架的设计、施工应充分注意。

塔架类型主要有桁架式、管塔式等。桁架式塔架造价低廉,缺点是维护不方便。管塔式塔架用钢板卷制焊接而成,形成上小下大的圆锥管,内部装设扶梯直通机舱。管塔式塔架结构紧凑,安全可靠,维护方便,外形美观。虽然造价较桁架式塔架高,但仍被广泛采用。

4.2.4　运行方式

风力发电的运行方式可分为独立运行、并网运行、风力－柴油发电系统等。

1.独立运行

风力发电机输出的电能经蓄电池蓄能,再供应用户使用,如图 4-9 所示。3~5 千瓦以下的风力发电机多采用这种运行方式,可供边远农村、牧区、海岛、气象台站、导航灯塔、电视差转台、边防哨所等电网覆盖的地区使用。

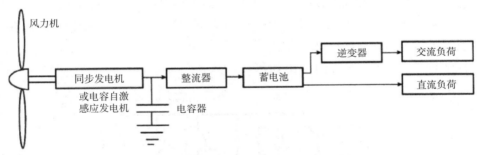

图 4-9　独立运行风力发电系统

根据用户需要,可以进行直流供电和交流供电。

1)直流供电

直流供电是小型风力发电机组独立供电的主要方式,它将风力发电机组发出的交流电整流成直流,并采用储能装置储存剩余的电能,使输出的电能具有稳频、稳压的特性。

2)交流供电

交流直接供电多用于对电能质量无特殊要求的情况,例如加热水、淡化海水等过程。在风力资源比较丰富而且比较稳定的地区,采取某些措施改善电能质量,也可带动照明、动力负荷。通过"交流—直流—交流"逆变器,供电的过程是先将风力发电机发出的交流电整流成直流,再用逆变器把直流电变换成电压和频率都很稳定的交流电输出,满足了用户对交流电的质量要求。

2. 并网运行

风力发电机组的并网运行,是将发电机组发出的电送入电网,用电时再从电网把电取回来,这就解决了发电不连续及电压和频率不稳定等问题,并且从电网取回的电的质量是可靠的。

风力发电机组采用两种方式向网上送电:一是将机组发出的交流电直接输入网上;二是将机组发出的交流电先整流成直流,然后再由逆变器变换成与电力系统同压、同频的交流电输入网上。无论采用哪种方式,要实现并网运行,都要求输入电网的交流电具备的电压、频率、相序、电压波形与电网一致。

并网运行是为克服风的随机性而带来的蓄能问题的最稳妥易行的运行方式,可达到节约矿物燃料的目的。10千瓦以上直至兆瓦级的风力发电机皆可采用这种运行方式。并网运行又可分为两种不同的方式。

1)恒速恒频方式

风力发电机组的转速不随风速的波动而变化,维持恒速运转,从而输出恒定频率的交流电。这种方式目前已普遍采用,具有简单、可靠的优点,但是对风能的利用不充分,这是因为风力机只有在一定的叶尖速比的数值下才能达到最高的风能利用率。

2)变速恒频方式

风力发电机组的转速随风速的波动作变速运行,但仍输出恒定频率的交流电,这种方式可提高风能的利用率,因此成为追求的目标之一,但将导致必须增加实现恒频输出的电力电子设备,可利用变速同步发电机(交流励磁电机),同时还应解决由于变速运行而在风力发电机组支撑结构上出现共振现象的问题。

并网运行风力发电系统如图 4-10 所示。

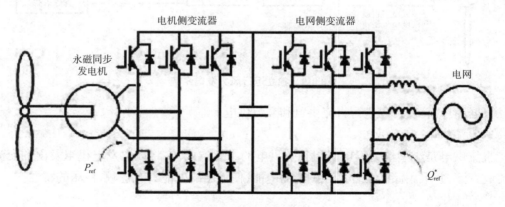

图 4-10　并网运行风力发电系统

3. 风力－柴油互补发电

采用风力－柴油发电系统可以实现稳定持续地供电。这种系统有两种不同的运行方式。

(1)风力发电机与柴油发电机交替(切换)运行,风力发电机与柴油发电机在机械上及电气上没有任何联系,有风时由风力发电机供电,无风时由柴油发电机供电。

（2）风力发电机与柴油发电机并联运行。风力发电机与柴油发电机在电路上并联后向负荷供电，如图 4-11 所示。柴油发电机可以是连续运转的，也可以是断续运转的。当然，只有柴油机断续运转，才能显著地节省燃油。这种运行方式，技术上较复杂，需要解决在风况及负荷经常变动的情况下两种动态特性和控制系统各异的发电机组并联后运行的稳定性问题。在柴油机连续运转时，当风力增大或电负荷小时，柴油机将在轻载下运转，会导致柴油机效率低；柴油机在断续运转时，可以避免这一缺点，但柴油机的频繁启动与停机，对柴油机的维护和保养是不利的。为了避免这种由于风力及负荷的变化而造成的柴油机的频繁启动与停机，可采用配备蓄电池短时储能的措施：当短时间内风力不足时可由蓄电池经逆变器向负荷供电；当短时间内风力有余或负荷减小时，就经由整流器向蓄电池充电，从而减少柴油机的启停次数。此外，配备具有短期储能特性的飞轮，也可达到降低柴油机启停次数的目的。

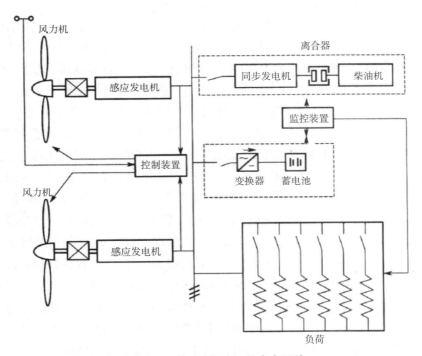

图 4-11　风力‐柴油互补发电系统

【试一试】大型风力发电站一般建设在人迹稀少的地区，建设条件艰苦，生活条件较差。我国已经建设了很多大型风电场。查找资料，简述我国规模较大的风电场的建设情况。

4.3　我国风能产业概况及发展趋势

风能是一种清洁而稳定的新能源，在环境污染和温室气体排放日益严重的今天，风力发电作为全球公认可以有效减缓气候变化、提高能源安全、促进低碳经济增长的方案，得到各国政府、机构和企业等的高度关注。此外，由于风电技术相对成熟，且具有更高的成本效益和资源有效性,因此风电也成为近年来世界上增长最快的能源之一。

4.3.1　产业发展概况

我国风力发电产业的发展主要经历了以下几个阶段。

第一阶段(1986—1993年):初期示范阶段。我国各地相继开始研制或引进国外风电机组,建设示范风电场,开展试验研究、示范发展。七年间,全国虽没有建成一座商业化运行的风电场,但在此领域的积极摸索为我国的风电事业的发展奠定了初步基础。

第二阶段(1994—2003年):产业化建立阶段。1993年底,汕头“全国风电工作会议”明确了风电产业化及风电场建设前期工作规范化要求;1994年,通过对风电上网电价的责任主体的明确,保障了投资者利益,风电产业得到进一步发展。但电力体制向竞争性市场改革导致风电政策趋向模糊,此阶段风电产业发展受限,一度缓慢甚至停滞。

第三阶段(2003—2010年):风电快速增长阶段。国家发改委于2003年推行风电特许权项目,其目的在于扩大全风电开发规模,提高风电机组的国产制造能力,约束发电成本,降低电价;随后发布的《中华人民共和国可再生能源法》(简称《可再生能源法》)将电网企业全额收购可再生能源电力、发电上网电价优惠以及一系列费用分摊措施列入法律条文,促进了可再生能源产业的发展,中国风电步入全速发展的快速增长通道期(图4-12)。

第四阶段(2011—2012年):消纳问题突出,弃风限电阶段。2010年,当年我国风电新增装机18.9吉瓦,累计装机达44.7吉瓦,超过美国跃居世界第一。但是,经过连续多年爆发式发展,我国开始出现明显的弃风限电现象,2010年全年限电量39.43亿千瓦时,弃风开始成为制约风电行业发展的重要因素。2011年,我国风电限电量首次超过100亿千瓦时,弃风率达到16.23%。2012年,弃风率则进一步攀升至17.12%,成为有史以来弃风限电最为严重的一年。持续加重的弃风限电影响了开发商的积极性,是这一阶段新增装机下滑的主因。

第五阶段(2013—2015年):弃风改善+抢装促增长阶段。国内新增风电装机出现持续的增长。一方面,弃风率在2013年和2014年出现下滑,2013年冬季气温同比偏高,供暖期电网调峰压力较小,风电消纳较好的夏秋季来风增加,同时全国电力负荷同比增速提升,弃风率呈现一定好转;2014年整体来风偏小,同时哈密—郑州特高压、新疆与西北主网联网750千伏第事通道等输电工程的投运,都对弃风率的进一步下降起到推动作用。另一方面,受2015年以后的网风电标杆电价下调影响,2015年出现较为强烈的抢装潮,推动2015年新增装机达30.75吉瓦,为历年最高值。

第六阶段(2016—2017年):弃风率高位,监管趋严致调整阶段。2016年,国内新增风电装机23.37吉瓦,同比大幅下滑24%。一方面,抢装过后,需求有所透支;另一方面,国内弃风率维持高位,政府出台更严格的管控措施应对弃风问题。

2016年7月,国家能源局发布《关于建立监测预警机制促进风电产业持续健康发展的通知》(国能新能〔2016〕196号),风电投资监测预警机制正式启动。按照该机制,风电平均利用小时数低于地区设定的最低保障性收购小时数的,风险预警结果将直接核定为红色预警。新疆、甘肃、宁夏、吉林、黑龙江5省区被直接核定为红色预警,新增装机相对2015年几近被腰斩。2017 年,由于 2016 年度弃风率继续上扬,政策监管依然偏紧,新疆、甘肃、内蒙、宁夏、吉林、黑龙江 6 省区被直接核定为红色预警,预计上述 6 省新增装机仍将呈现较大幅度下滑,对全国新增装机量造成拖累。

第七阶段(2018 年至今):新增风电装机容量得到改善,重拾升势。目前属于第三次建设高峰。

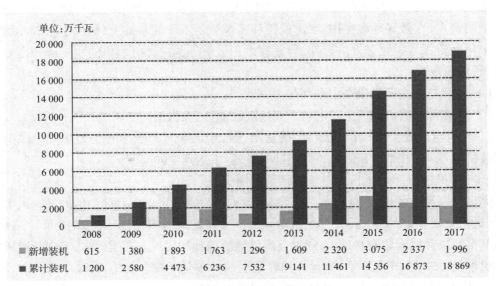

图 4-12 全国风电装机容量历史

经过这 7 个阶段的发展,中国风能的开发和利用取得了长足的进步。中国是全球最大的风电装机市场,根据中国风能协会数据可知,2018 年我国风电新增装机容量为 21 143 兆瓦,2018 年底我国风电累计装机容量达到 209 533 兆瓦,我国风电累计装机容量占全球比重从 2000 年的 2.0% 增长至 2018 年的 35.4%。

【试一试】风力发电技术向两极化发展:一方面,大型、超大型风力发电系统不断突破;另一方面,微型风力发电系统也在逐渐成熟。理解并尝试解释两极化发展的原因。

4.3.2　产业发展趋势

风电作为应用最广泛和发展最快的新能源发电技术,已在全球范围内实现大规模开发应用。到 2015 年底,全球风电累计装机容量达 4.32 亿千瓦,遍布 100 多个国家和地区。"十二五"时期,全球风电装机新增 2.38 亿千瓦,年均增长 17%,是装机容量增幅最大的新能源发电技术。在此期间,我国风电新增装机容量连续 5 年领跑全球,累计新增 9 800 万千瓦,占同期全国新增装机总量的 18%,在电源结构中的比重逐年提高。到 2015 年底,全国风电并网装机达到 1.29 亿千瓦,年发电量 1 863 亿千瓦时,占全国总发电量的 3.3%,比 2010 年提高 2.1 个百分点。风电已成为我国继煤电、水电之后的第三大电源。同时,风电全产业链基本实现国产化,产业集中度不断提高,多家企业跻身全球前 10 名,风电设备的技术水平和可靠性不断提高,基本达到世界先进水平。

我国为了促进能源转型,实现 2020 年和 2030 年非化石能源占一次能源消费比重 15% 和 20% 的目标,国家能源局于 2016 年 11 月发布了《风电发展"十三五"规划》,指出了我国风电产业未来发展趋势,具体如下。

1)加快开发中东部和南方地区陆上风能资源

按照"就近接入、本地消纳"的原则,中国风力发电行业将利用风能资源分布广泛和应用灵活的特点,在做好环境保护、水土保持和植被恢复工作的基础上,加快中东部和南方地区陆上风能资源规模化开发。近期,国家政策积极引导国内风电装机向中东部和南方地区转移,具体表现为:

(1)项目核准主要集中在中东部与南部地区;

(2)中东部与南部地区上网电价下调幅度较低,以吸引地区的风电投资;

(3)《风电发展"十三五"规划》明确提出,到 2020 年,中东部和南方地区陆上风电新增并网装机容量 4 200 万千瓦以上,累计并网装机容量达到 7 000 万千瓦以上。

2)有序推进"三北"地区风电就地消纳利用

弃风问题严重的省(区),"十三五"期间重点解决存量风电项目的消纳问题。风电占比较低、运行情况良好的省(区),有序新增风电开发和就地消纳规模。到 2020 年,"三北"地区在基本解决弃风问题的基础上,通过促进就地消纳和利用现有通道外送,实现新增风电并网装机容量 2 500 万千瓦左右,累计并网容量达到 1.35 亿千瓦左右的目标。

3)积极稳妥推进海上风电建设

海上风电具有风力稳定,发电小时数高,靠近负荷中心便于消纳等特点。我国海上风电技术可开发量较大,5~25 米水深、50 米高度可开发容量约为 2 亿千瓦,5~50 米水深、70 米高度可开发量约为 5 亿千瓦。到 2020 年,我国海上风电开工建设规模目标为 1 000 万千瓦,累计并网容量目标为 500 万千瓦以上。其中,江苏、浙江、福建、广东等省的海上风电建设规模均要达到百万千瓦以上。目前,国内风电整机供应商已开始投入海上风电机组的研发与运行,力图攻克技术难题,降低系统成本。相关政府部门也相继出台了海电项目上网电价的政策优惠及相关管理办法,进一步明确了海上风电发展方向。海上风电将成为未来我国风电行业的发展新趋势和新的行业增长点。

【试一试】查找资料,梳理我国风力发电相关政策文件,理解我国风力发电相关国家政策。

第5章 氢 能

【知识目标】

1. 了解氢能的特点和氢能的开发利用前景。
2. 了解化石燃料制氢、电解水制氢、生物质制氢和光伏制氢的原理。
3. 什么是氢的储存？简述氢的储存方法。
4. 了解并简述氢的利用。

【能力目标】

1. 能够根据氢能的特点,描绘未来氢能的应用场景。
2. 能够制造一个通过电解水的方法制氢的设备。
3. 能够正确识别氢气存储危险标志,远离危险源。
4. 能够设计验证氢气的方法,并在老师指导下进行实验。

氢在地球上主要以化合态存在,是宇宙中含量最丰富的元素,它占了宇宙质量的 75%,是二次能源。氢能是氢的化学能,是氢在物理与化学变化过程中释放的能量。氢燃烧的产物是水,是世界上最干净的能源。在 21 世纪的今天,随着人类环保意识的增强,氢能逐渐发展成为一种重要的能源,氢的制取、储存、运输、应用技术也将成为 21 世纪备受关注的焦点。氢具有燃烧热值高的特点,其燃烧热值是汽油的 3 倍,酒精的 3.9 倍,焦炭的 4.5 倍。

5.1 氢能概述

氢是一种清洁能源载体,氢在燃烧或催化氧化后的产物为液态水或水蒸气。相对于其他能源载体(如汽油、乙烷和甲醇)来讲,氢具有来源丰富、质量轻、能量密度高、绿色环保、贮存方式与利用形式多样等特点。因此氢作为电能这一种清洁能源载体最有效的补充,可以满足几乎所有能源的需求,形成一个解决能源问题的永久性系统。

5.1.1 氢能简介

氢是人类最早发现的元素之一。常温常压下,它是一种无色、无味、易燃的气体。早在16 世纪初,英国物理学家亨利·卡文迪许在实验中收集到称之为"来自于金属的易燃气体",这种易燃气体就是氢气。自 1869 年俄国著名学者门捷列夫将氢元素放在元素周期表的首位后,人们就开始从氢出发,寻找各元素与氢元素之间的关系,对氢的研究和利用就更加系统和科学化了。

氢具有高挥发性、高能量,是能源载体和燃料。现代工业中,每年用氢量为 5 500 亿立方米,氢气可与其他物质一起用来制造氨水和化肥,同时也可应用到汽油精炼工艺、玻璃磨光、黄金焊接及食品工业中。由于氢的液化温度在 −253 摄氏度,液态氢还可以用作火箭燃料。

工业上生产氢的方式很多,常见的有水电解制氢、煤炭气化制氢、重油迹天然气水蒸气催化制氢等。

5.1.2　氢能特点

作为能源,氢具有以下一些特点。

(1)氢位于元素周期表第一位,在所有元素的原子中,氢原子质量最小。在通常情况下,氢是无色无味的气体,极难溶于水。在标准状态下,它的密度为 0.089 9 克/升;在 −252.77 摄氏度时,可成为无色的液体,若将压力增大到数百个大气压,液氢就可变为固体氢;在 −259.2 摄氏度时,能变成雪花状白色固体。

(2)在 0 摄氏度时,氢气的导热系数为 0.163 瓦/(米·摄氏度),在所有气体中,氢气的导热性最好,比大多数气体的导热系数高出近 10 倍,因此在能源工业中氢是很好的传热载体。

(3)氢是自然界存在最普遍的元素,据估计它构成了宇宙质量的 75%。除空气中含有氢气外,它主要以化合物的形态贮存于水中,而水是地球上最广泛的物质。

(4)氢的热值是所有化石燃料、化工燃料和生物燃料中最高的,达到 1.42×10^8 焦/千克,汽油热值为 4.6×10^7 焦/千克,氢的热值是汽油的 3 倍左右。

(5)氢燃烧性能好,燃烧速度比碳氢化合物快。氢氧混合气的燃烧速度约为 9 米/秒;天然气(甲烷)的最大燃烧速度仅为 0.38 米/秒。

(6)氢本身无毒,燃烧时最清洁,除生成水和少量氨气(NH_3)外,不会产生诸如一氧化碳、二氧化碳、碳氢化合物和粉尘颗粒等对环境有害的污染物质,少量的氨气经过适当处理也不会污染环境。

(7)氢能利用形式多,既可以通过燃烧产生热能,在热力发动机中产生机械功,如氢内燃机、氢燃料火箭、燃氢锅炉等应用;又可以作为能源材料用于燃料电池(也叫电化学电池),把化学能转换成电能,如氢燃料电池汽车等应用。用氢代替煤和石油,只需对现有的内燃机稍加改装即可使用。

(8)氢可以以气态、液态或固态的氢化物出现,能适应贮运及各种应用环境的不同要求。

5.1.3　氢能开发利用前景

氢能被视为 21 世纪最具发展潜力的清洁能源,人类自 200 年前就对氢能的应用产生了兴趣,20 世纪 70 年代以来,世界上许多国家和地区就广泛开展了氢能研究。

在我国的很多城市,汽车尾气的排放污染约占总体污染的 70%。因此,解决汽车的排放污染问题是解决大气污染的重要部分。人们一直没有停止寻找新的能源来替代现阶段汽车依靠化石能源的方法。早在 1970 年,美国通用汽车公司的技术研究中心就提出了"氢经济"的概念。1976 年,美国斯坦福研究院就开展了"氢经济"的可行性研究。随着人们对气候变暖等全球性问题的认识越来越深入,以及国际能源贸易风险的提升,氢能经济的吸引力不断增加。氢能作为一种清洁、高效、安全、可持续的新能源,被视为 21 世纪最具发展潜力的清洁能源之一,是人类的战略能源发展的重要方向。日本是世界上第一个以审慎的态度投入 2 亿美元开展氢能研究的国家。2000 年左右,氢燃料电池汽车的应用逐渐受到关注,美国、德国、日本等国家制定了长期的氢能发展规划,建立能源法案、能源战略、技术路线图等,积极发展氢能源在内的清洁能源,尝试减少对传统一次能源的依赖。据统计,到 2018 年底全球目前建成的加氢站有 369 座,我国目前仅有 23 座加氢站。

我国对氢能的研究与发展可以追溯到 20 世纪 60 年代初,为了发展我国的航空航天事业,许多科学家在获取可用于火箭燃料的液氢以及氢氧燃料电池的研发方面做了很多努力,取得一定的成果。自 20 世纪 70 年代开始,我国开始将氢作为能源载体和新的能源系统进行开发。21 世纪以来,我国政府多次将氢能列入国家能源发展规划,并逐渐取得了较大的进展。

氢燃料电池技术一直被认为是利用氢能解决未来人类能源危机的终极方案。上海一直是中国氢燃料电池研发和应用的重要基地,包括上汽集团、上海神力、同济大学等企业、高校一直从事氢燃料电池和氢能车辆的研发。随着中国经济的快速发展,汽车工业已经成为中国的支柱产业之一。自 2009 年开始,我国汽车产销量已经连续 9 年居世界第一,目前我国的汽车保有量已经达到 3.72 亿辆,汽车燃油消耗约占中国石油总需求量的 1/3。目前我国的石油对外依赖程度已经接近 70%,在能源供应日益紧张的当下,发展新能源汽车已迫在眉睫,用氢能作为汽车的燃料无疑是重要选择之一。

氢能技术对能源市场的结构造成了积极的影响。燃料电池发动机的关键技术基本已经被突破,目前已经有模块化的氢能燃料电池发电机组出现,能够以每千瓦基本相同的价格提供巨大自由度的分布式独立发电。目前,我们还需要对燃料电池产业化技术进行改进、提升,使产业化技术成熟,进一步建立健全氢能产业链。这个阶段需要政府加大研发力度,包括对掌握燃料电池关键技术的企业在资金、融资能力等方面予以支持,以保持中国在燃料电池发动机关键技术方面的水平和领先优势。除此之外,国家还应加强对燃料电池关键原材料、零部件国产化、批量化生产的支持,不断整合燃料电池各方面优势,带动燃料电池产业链的延伸。同时政府还应给予相关的示范应用配套设施,并且对燃料电池相关产业链予以培育等,以加快燃料电池车示范运营相关的法规、标准的制定和加氢站等配套设施的建设,推动燃料电池汽车的载客示范运营。有政府的大力支持,氢能汽车一定能成为朝阳产业。

【试一试】2019 年 3 月 5 日,在第十三届全国人民代表大会第二次会议上,首次把氢能写入《政府工作报告》,充分表明我国关于氢能发展的关注,理解并阐述氢能发展的重要性。

5.2 氢的制取

氢能的开发和利用首先要解决的是制氢技术,落后的制氢技术已经成为氢能实用化的瓶颈之一。自然界中不存在纯氢,它只能从其他化学物质中分解、分离得到。我国目前的氢气来源主要有两类:一是采用天然气、煤、石油等进行蒸气转化制气,或是利用甲醇裂解、水电解等方法得到含氢气源,再分离、提纯这种含氢气源;二是利用含氢气源如精炼气、城市煤气等采用变压吸附法、膜法来制取纯氢。目前,化石能源制氢是主要的工业用氢的来源,全世界大概有 90% 的氢气是由化石燃料制取的。

5.2.1 化石燃料制氢

工业用氢的制备方法主要是化石燃料的热分解,包括天然气的重整、碳氢化合物的部分氧化和煤的气化,产氢的成本较低。化石燃料储量有限,制氢过程会对环境造成污染,但更为先进的化石制氢技术作为一种制氢过程的过渡工艺,仍将在未来几十年的制氢工艺中发挥重要的作用。如近年来发展了从化石燃料产氢而不释放二氧化碳的方法,即直接热分解和催化裂解碳氢化合物,这种方法已经用于制备碳,但制氢成本较高,还处于发展阶段。

以煤、石油或天然气等化石燃料作为原料来制取氢气,是过去以及现在采用最多的制氢方法。

1. 煤制氢

世界上煤制氢技术发展已经有 200 多年的历史,在我国也已经有近 100 年的历史。

我国煤炭资源十分丰富,以煤炭为原料大规模制取廉价氢源在一段时间内将是我国发展氢能的一条现实之路。传统煤制氢技术主要以煤气化制氢为主。煤炭直接制氢方法包括:①煤的焦化(高温干馏)。在隔绝空气的条件下,制取焦炭,副产品焦炉煤气中含氢气、甲烷、CO 等,其中氢气含量达 55%~60%;②煤的气化。煤在高温下与水蒸气或氧气(空气)反应,转化成氢气和 CO 为主的合成气。2014 年,中国石化集团茂名石化有限公司建成了国内单套产能最大煤制氢装置,该装置以煤、炼厂副产的高硫石油焦和纯氧为主要原料,每小时可生产 20 万标立方米、纯度在 97.5% 以上、4.8 兆帕的工业氢气。

煤炭气化制氢技术在我国的最大设备用户是合成氨生产。目前已经很多种气化制氢设备,如常压固定床水煤气炉、鲁奇加压固定床气化炉等。地下煤炭气化技术近几年在中国也得到了开发和利用,所谓地下煤炭气化,就是将地下处于自然状态下的煤进行有控制的燃烧,通过煤的热解作用及化学作用而产生可燃气体的过程。该过程集建井、采煤、地面气化三大工艺为一体,变传统物理采煤为化学采煤,省去了庞大的煤炭开采、运输、洗选、气化等工艺设备,具有安全性好、投资少、效益高、污染少等优点,深受世界各国的重视。所谓煤气化是指煤与气化剂在一定的温度、压力等条件下发生化学反应而转化为煤气的工艺过程,包括气化、除尘、脱硫、甲烷化、CO 变换反应、酸性气体脱除等。典型化石燃料制氢过程如图 5-1 所示。

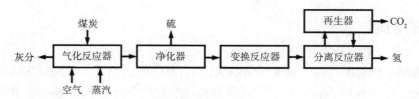

图 5-1 典型化石燃料制氢过程

2. 天然气制氢

天然气制氢方法很多种,目前应用比较多的是天然气－水蒸气重整制氢,主要由天然气－水蒸气制转化气和变压吸附提纯氢气两部分组成。天然气与水蒸气混合后,在镍催化剂的作用下,在 820~950 摄氏度时将天然气转化为氢气、一氧化碳、二氧化碳和甲烷等转化气,转化气进入变换炉后将一氧化碳变换成二氧化碳和氢气。天然气－水蒸气重整反应是强吸热反应,反应过程需要吸收大量的热量,因此这个过程有高耗能的缺点,其中燃料成本占生产成本的 52%~68%。天然气制氢技术成熟、产量大,是化石燃料制氢工艺中最为经济和合理的。

然而天然气和煤都是宝贵的燃料和化工原料,其储量有限,且制氢过程会对环境造成污染,用它们制氢显然摆脱不了人们对常规能源的依赖和对自然环境的破坏。

5.2.2 电解水制氢

水电解制氢技术是一种传统的制造氢气的方法,也称电解水制氢。早在 18 世纪初就已发现了水的电解是获得高纯度氢的一种方法。其工作原理(图 5-2)是:将增加水导电性的酸性或碱性电解质溶于水中,让电流通过水,通过电能给水提供能量,破坏水分子的氢氧键,在阴极和阳极上就分别得到氢气(H_2)和氧气(O_2)。为了提高制氢效率,采用的电解压力多为 3.0~5.0 兆帕,目前电解效率为 75%~85%,每立方米氢气电耗为 4~5 千瓦时左右,使得电费占整个水电解制造氢气生产费用的 80% 左右。

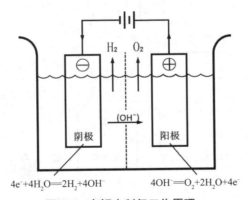

$$4e^- + 4H_2O = 2H_2 + 4OH^-$$ $$4OH^- = O_2 + 2H_2O + 4e^-$$

图 5-2 电解水制氢工作原理

电解水制得的氢气纯度高、操作简便,但由于电解水的效率不高且消耗大量的电能,因此利用常规能源生产的电能来大规模电解水制氢显然是不合算的。电解水制氢的发展方向是与风能、太阳能、地热能等清洁能源互相配合,从而降低成本。

【试一试】查阅资料,在老师的指导和监督下,自己制造一台制氢设备,收集所制造的氢气。

5.2.3　生物质制氢

生物质能的利用主要有微生物转化和热化工转化两大类方法,前者主要是产生液体燃料,如甲醇、乙醇及氢气等;后者是在高温下通过化学方法将生物质转化为可燃的气体或液体。

微生物转化制氢气的过程以生物活性酶为催化剂,利用含氢有机物和水将生物能和太阳能转化为高能量密度的氢气。与传统制氢工业相比,微生物转化制氢技术的优越性体现在:所使用的原料极为广泛且成本低廉,包括一切植物、微生物材料、工业有机物和水等;在生物酶的作用下,反应条件为常温、常压,操作费用十分低廉;产氢所转化的能量来自生物质能和太阳能,完全脱离了常规的化石燃料;反应产物为二氧化碳(CO_2)、氢气和氧气,二氧化碳经过处理仍是有用的化工产品。

与传统制氢技术相比,生物质制氢具有能耗低、污染小等优势。近年来,生物质制氢技术在发酵菌株筛选、产氢机制和制氢工艺等方面取得了较大进展,已经成为未来制氢技术发展的重要方向。但生物质制氢技术目前存在的问题也较多,如产氢率相对高的菌株的筛选、提高产氢效率的产氢工艺的合理设计、高效制氢过程的开发与产氢反应器的放大、发酵细菌产氢的稳定性和连续性、混合细菌发酵产氢过程中彼此之间的抑制及发酵末端产物对细菌的反馈抑制等还需要进一步研究。生物质制氢工作原理如图 5-3 所示。

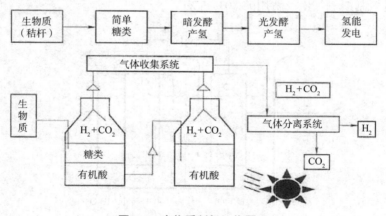

图 5-3　生物质制氢工作原理

从战略的角度看,通过生物质制取氢气是很有前途的一种方法。许多国家已经投入大量的人力、物力研究生物质制氢制术,以期早日实现该技术的产业化。

5.2.4　太阳能制氢

太阳能制氢是未来制氢的主要途径之一。

传统的制氢方法,由于需要消耗大量的常规能源,使得制氢的成本大大提高。如果利用取之不尽的太阳能作为获取氢气的一次能源,则能大大减低制氢的成本,使氢能具有广阔的应用前景。利用太阳能制氢主要有以下几种方法:太阳能光解水制氢、太阳能光化学制氢、太阳能电解水制氢、太阳能热化学制氢、太阳能热水解制氢等。目前太阳能热水解制氢技术有了较大的发展,已有示范性项目建成投产。

1. 太阳能光解水制氢

1972 年,日本科学家首次报道 TiO_2 单晶电极光催化分解水产生氢气的现象,光解水制氢成为太阳能制氢的研究热点。

太阳能光解水制氢反应式:

$$太阳能 + H_2O \longrightarrow H_2 + 1/2O_2$$

太阳能光解水的效率主要与光电转换效率和水分解为 H_2 和 O_2 过程中的电化学效率有关。在自然条件下,水对于可见光至紫外线是透明的,不能直接吸收光能,因此,必须在水中加入能吸收光能并有效地传给水分子且能使水发生光解的物质——光催化剂。

2. 太阳能光化学制氢

太阳能光化学制氢是利用射入光子的能量使水分子分解获得氢的方法。实验证明:光线中的紫光或蓝光的制氢效果较好,红光和黄光较差。在太阳能光谱中,紫外光是最理想的。在进行光化学制氢时,将水直接分解成氧和氢非常困难,必须加入光解物和催化剂帮助水吸收更多的光能。目前光化学制氢的主要光解物是乙醇。乙醇是透明的,对光几乎不能直接吸收,加入光敏剂后,乙醇吸收大量的光才会分解。例如在二苯(甲)酮等光敏剂存在下,阳光可使乙醇分解成氢气和乙醛。

3. 太阳能电解水制氢

太阳能电解水制氢的方法与电解水制氢类似。第一步是将太阳能转换成电能,第二步是使用电能制氢,构成所谓的太阳能光伏制氢系统。电解水制氢的效率主要取决于半导体阳极能级高度,能级高度越小,电子越容易跳出空穴,效率就越高。

4. 太阳能热化学制氢

太阳能热化学制氢是率先实现工业化生产的比较成熟的太阳能制氢技术之一,具有生产量大、成本较低等特点。目前比较具体的方案有:太阳能硫氧循环制氢、太阳能硫溴循环制氢和太阳能高温水蒸气制氢。其中太阳能高温水蒸气制氢需要消耗巨大的常规能源,并可能造成环境污染。因此科学家们设想,是用太阳能来制备高温水蒸气,从而降低制氢成本。

5. 太阳能热解水制氢

太阳能热解水制氢是把水或蒸汽加热到 3 000 开以上,分解水得到氢气和氧气的方法。虽然该方法分解效率高,无须催化剂,但太阳能聚焦费用昂贵。若采用高反射高聚焦的实验性太阳炉可以实现 3 000 开尔文左右的高温,从而能使水产生分解,得到氧气和氢气。如果在水中加入催化剂,分解温度可以降低到 900~1 200 开,并且催化剂可再生后循环使用,目前这种方法的制氢效率已达 50%。如果将此方法与太阳能热化学循环结合起来,形成“混合循环”,则可以制造高效、实用的太阳能产氢装置。

5.3　氢的储存

氢的储存是一个至关重要的技术。氢能的终端用户可分为两类,一是供应民用和工业的气源;二是交通工具的气源。对于前者,要求特别大的储存容量,就像现在人们常看到的储存天然气的巨大储罐。对于后者,要求较大的储氢密度。氢是气体,它的输送和储存比固体煤、液体石油更困难。一般而论,氢气可以气体、液体、化合物等形态储存。目前,氢的储存方式主要有以下几种。

5.3.1　高压气态储氢

高压气态储氢是最常用的氢气储存方式,也是最成熟的储存技术,氢气被压缩后在汽缸里以气体形式储存。常温、常压下,储存 4 千克气态氢需要 45 立方米的容积。为了提高压力容器的储氢密度,往往提高压力来缩小储氢罐的容积。储氢容量与压力成正比,储存容器的质量也与压力成正比。即使氢气已经高度压缩,其能量密度仍然偏低,储氢质量占钢瓶质量的 1.6% 左右,供太空用的钛瓶氢质量也仅为 5%。这种方法首先要造成很高的压力,消耗一定的能源,而且由于钢瓶壁厚,容器笨重,材料浪费大,造价较高。压力容器材料的好坏决定了压力容器储氢密度的高低。采用新型复合材料能提高压力容器储氢密度。

5.3.2　液化储氢

在一个标准大气压下,氢气冷冻至 −253 摄氏度以下即变为液态氢。液化储氢具有存储效率高、能量密度大(12~34 兆焦 / 千克)、成本高的特点。氢的液化需要消耗大量能源。理论上,氢的液化消耗 28.9 千焦/摩的能量,实际过程消耗的能量大约是理论值的 2.5 倍,即每千克液氢耗能在 11.8 兆焦以上。储存容器采用有多层绝热夹层的杜瓦瓶,液氢与外界环境温度的差距悬殊,储存容器的隔热十分重要。与其他低温液体储存相似,为提高液氢储存的安全性和经济性,减少储存容器内蒸发损失,需要提高储存容器的绝热性能和选用优质材轻的储存容器,对储存容器进行优化设计,这是低温液体储存面临的共同问题。由于不可避免的漏热,总有液氢汽化,导致罐内压力增加,当压力增加到一定值时,必须启动安全阀排出氢气。目前,每天的液氢的损失率达 1%~2%。所以液氢不适合于间歇而长时间不使用的场合,如汽车:不能要求汽车总是在运动,当将车放在车库里,一个月后去开车,就会发现罐内空空如也。但是,对一些特殊用途,例如宇航的运载火箭等,采用液化储氢是有利的。

值得说得是,尽管压力和质量储氢密度提高了很多,但体积储氢密度并没有明显增加。降低储存瓶的质量与体积、改进材料以及提高抗撞击能力和安全性能是高压气态储氢和液化储氢技术的研究重点。

5.3.3　金属氧化物储氢

金属氢化物储氢就是用储氢合金与氢气反应生成可逆金属氢化物来储存氢气。金属氢化物中的氢以原子状态储存于合金中,经扩散、相变、化合等过程重新释放出氢,这些过程受热效应与速度的制约,因此金属氢化物储氢比高压储氢安全,并且有很高的储存容量。通俗来说,即利用金属氢化物的特性,调节温度和压力,分解并放出氢气后而本身又还原到原来合金的原理。金属是固体,密度较大,在一定的温度和压力下,其表面能对氢起催化作用,促使氢元素由分子态转变为原子态钻进金属的内部,而金属就像海绵吸水那样能吸取大量的氢。需要使用氢时,氢从金属中被"挤"出来。利用金属氢化物的形式储存氢气,比压缩氢气和液化氢气两种方法方便得多。

储氢合金有较大的储氢容量,单位体积储氢密度是相同条件下压缩氢气和液化氢气等储氢方法的 1 000 倍,充放氢循环寿命长,成本低廉。但目前还有很多技术问题需要解决,如合金表面活化处理问题、杂质的影响、储氢密度低等。目前这一技术还难以应用。

5.3.4　吸附储氢

超级活性炭储氢是在中低温(77~273 开)、中高压(1~10 兆帕)下利用超高比表面积的活性炭作吸附剂的吸附储氢技术。与其他储氢技术相比,超级活性炭储氢具有经济性好、储氢量高、解吸快、循环使用寿命长和容易实现规模化生产等优点,是一种很具潜力的储氢方法。超级活性炭是一种具有纳米结构的储氢碳材料,其特点是具有大量孔径在 2 纳米以下的微孔。在细小的微孔中,孔壁碳原子形成了较强的吸附势场,使氢气分子在这些微孔中得以浓缩。但是,如果微孔的壁面太厚,将使单位体积中的微孔密度降低,从而降低了单位体积或单位吸附剂质量的储氢量。因此为增大超级活性炭中的储氢容量,必须在不扩大孔径的条件下减薄孔壁厚度。

5.3.5　有机化合物储氢

有机化合物储氢是借助液体有机物与氢的可逆反应,即利用催化加氢和脱氢的可逆反应来实现。加氢反应实现氢的储存(化学键合),脱氢反应实现氢的释放。常用的有机物氢载体主要有苯、甲苯、甲基环己烷、萘等。氢载体在常压下呈液态,储存和运输简单易行,输送到目的地后,通过催化脱氢装置使寄存的氢脱离,储氢剂经冷却后储存、运输,并可循环利用。与其他储氢方式相比,有机液体储氢具有以下特点:①氢载体的储存、运输安全方便;②氢储量大;③储氢剂成本低且可循环使用等。

某些有机化合物可作为氢气载体,其储氢率大于金属氢化物,而且可以大规模远程输送,适于长期性的储存和运输,也为燃料电池汽车提供了良好的氢源途径。例如苯和甲苯其储氢量分别为 7.14% 和 6.19%(质量分数)。氢化硼钠、氢化硼钾、氢化铝钠等络合物通过水解反应可产生比其自身含氢量还多的氢气,如氢化铝钠在加热分解后可放出总量高达7.4%(质量分数)的氢气。这些络合物是很有发展前景的新型储氢材料,但是为了使其能得到实际应用,还需探索新的催化剂或将现有的钛、锆、铁催化剂进行优化组合以改善材料的低温放氢性能,处理好回收—再生循环的系统。

5.3.6　其他储氢

针对不同用途,目前发展起来的还有无机物储氢、地下岩洞储氢、"氢浆"新型储氢、玻璃空心微球储氢等技术。以复合储氢材料为重点,做到吸附热互补、质量吸附量与体积吸附量互补的储氢材料已有所突破,掺杂技术也有力地促进了储氢材料性能的提高。

目前的一些储氢材料和技术离氢能的实用化还有较大的距离,在质量和体积储氢密度、工作温度、可逆循环性能以及安全性等方面,还不能满足实用化和规模化的要求。考虑到氢燃料电池驱动的电动汽车500千米的续航里程和汽车油箱的通常容量推算,储氢材料的储氢容量达到6.5%(质量分数)以上,才能满足实际应用的要求。国际能源署(IEA)对储氢材料提出的要求是质量储氢密度大于5%(质量分数),体积储氢密度应在50千克 H_2/ 米³ 以上。目前急待解决的关键问题是提高储氢密度、储氢安全性和降低储氢成本。

【试一试】现阶段,我们已经把氢气使用在很多生产领域和生活领域,观察并结合资料查找,找到您身边所见到的使用氢气的场合。为了实验需要,会在实验室存有氢气瓶。为了安全使用氢气,我们应该注意哪些问题?如何预防氢气使用中的危险?

5.4　氢的利用

将氢能转化为其他形式的能量,即氢能的利用技术已经应用于实际,如电动汽车、燃料电池发电等,且还在不断地取得技术进步和扩大应用范围。氢的利用将出现在人类生活的方方面面。

5.4.1　氢动力汽车

以氢气代替汽油作为汽车发动机的燃料已经经过日本、美国、德国等许多汽车公司的试验,技术是可行的,主要是廉价氢的来源问题。氢是一种高效燃料,每千克氢燃烧所产生的能量为33.6千瓦时,几乎等于汽油燃烧的2.8倍。氢气燃烧不仅热值高,而且火焰传播速度快,点火能量低(容易点着),所以氢能汽车比汽油汽车总的燃料利用效率可高20%。当然,氢的燃烧主要生成物是水,只有极少的氮氢化物,绝对没有汽油燃烧时产生的一氧化碳、二氧化硫等污染环境的有害成分。氢能汽车是最清洁的理想交通工具。

氢能汽车以金属氢化物为贮氢材料,而释放氢气所需的热可由发动机冷却水和尾气余热提供。现有两种氢能汽车,一种是全燃氢汽车,另一种为氢气与汽油混烧的掺氢汽车。掺氢汽车的发动机只要稍加改变或不改变,即可提高燃料利用率和减轻尾气污染。掺氢5%

左右的汽车,其平均热效率可提高 15%,节约汽油 30% 左右。因此近期多使用掺氢汽车,待氢气可以大量供应后,再推广全燃氢汽车。德国奔驰汽车公司已陆续推出各种燃氢汽车,其中有面包车、公共汽车、邮政车和小轿车。以燃氢面包车为例,使用 200 千克钛铁合金氢化物为燃料箱,代替 65 升汽油箱,可连续行车 130 多千米。德国奔驰公司制造的掺氢汽车可在高速公路上行驶,车上使用的储氢箱也是钛铁合金氢化物。

掺氢汽车的特点是汽油和氢气的混合燃料可以在稀薄的贫油区工作,能改善整个发动机的燃烧状况。在中国许多交通拥挤城市,汽车发动机多处于部分负荷下运行,使用掺氢汽车尤为有利。特别是有些工业余氢(如合成氨生产)未能回收利用,若作为掺氢燃料,其经济效益和环境效益都是可观的。

5.4.2 氢能发电

大型电站,无论是水电、火电或核电,都是把发出的电送往电网,由电网输送给用户。但是各种用电户的负荷不同,电网有时是高峰,有时是低谷。为了调节峰荷,电网中常需要启动快和比较灵活的发电站,氢能发电就最适合扮演这个角色。利用氢气和氧气燃烧,组成氢氧发电机组。这种机组是火箭型内燃发动机配以发电机,它不需要复杂的蒸汽锅炉系统,因此结构简单,维修方便,启动迅速,要开即开,欲停即停。在电网低负荷时,还可吸收多余的电来进行电解水,生产氢气和氧气,以备高峰时发电用。这种调节作用对于电网运行是有利的。另外,氢气和氧气还可直接改变常规火力发电机组的运行状况,提高电站的发电能力。例如氢氧燃烧组成磁流体发电,利用液氢冷却发电装置,提高机组功率等。

新的氢能发电方式是氢燃料电池。这是利用氢气和氧气(或空气)直接经过电化学反应而产生电能的装置。换言之,也是水电解槽产生氢气和氧气的逆反应。自 20 世纪 70 年代以来,日、美等国加紧研究各种燃料电池,现已进入商业性开发阶段,日本已建立万千瓦级燃料电池发电站,美国有 30 多家厂商在开发燃料电池。德、英、法、荷、丹、意和奥地利等国也有 20 多家公司投入了燃料电池研究的单位,这种新型的发电方式已引起世界的关注。

目前,氢燃料电池技术的发展给新能源汽车带来很大的希望。燃料电池的燃料是氢和氧,生成物是清洁的水,它本身工作不产生一氧化碳和二氧化碳,也没有硫和微粒排出。氢燃料电池汽车是真正意义上的零排放、零污染的车,氢燃料是完美的汽车能源!目前氢燃料电池汽车已经逐渐上市销售,成为新能源汽车的重要发展方向。

5.4.3 家庭用氢

随着制氢技术的发展和化石能源的缺少,氢能利用迟早将进入家庭,首先是发达的大城市,它可以像输送城市煤气一样,通过氢气管道送往千家万户。每个用户则采用金属氢化物贮罐将氢气贮存,然后分别接通厨房灶具、浴室、冰箱、空调机等,并且在车库内与汽车充氢设备连接。人们的生活靠一条氢能管道,可以代替煤气、暖气甚至电力管线,连汽车的加油站也省掉了。这样清洁方便的氢能系统,将给人们创造舒适的生活环境,省去许多繁杂事务。

　　【试一试】在老师的指导下,使用自己制造的制氢设备来制造氢气,收集所制造的氢气,并通过实验证明所收集的是氢气。

第6章　其他新能源

【知识目标】

1. 了解什么是核能及核能的优缺点,了解核能发电原理。
2. 简述我国核能发电的发展趋势。
3. 了解生物质能及生物质能的特点。
4. 简述生物质能的分类和利用的主要技术。
5. 了解我国生物质能的发展现状和趋势。
6. 了解并简述什么是地热能和地热能的形成。
7. 了解我国地热能资源的分布和地热能的利用方式和发展趋势。
8. 了解潮汐能、波浪能、海流能、温差能、盐差能的发电原理和利用。

【能力目标】

1. 能够熟练进行口语和书面表达与交流。
2. 能够准确描述生物质发电厂的设备和工作过程。
3. 能够根据不同的地理环境条件,选择合适的新能源应用技术。
4. 能够根据我国不同海洋条件的情况,推荐合适的海洋能利用技术。

随着世界人口的持续增长,发展中国家人民生活水平的逐步提高及化石燃料的消耗加快,加强可再生能源的利用得到了国际社会的强烈响应。除了太阳能、风能、氢能外,其他新能源如核能、生物质能、地热能、海洋能、可燃冰等的利用和研究也越来越受到关注,且发展非常迅速。

6.1　核能

1938 年,德国物理学家哈恩和斯特拉斯曼利用中子轰击铀核时发现了铀核的裂变,这一发现使人类开始利用核能,如核能发电、工业探伤、辐照育种、材料改性、放射性诊断和治疗等。尤其是核能发电,在矿物燃料短缺、石油价格攀升、火电环境污染严重、水能源缺乏的局面下,发展核能势所必然。

6.1.1　核能概述

1. 核能简介

核能又称原子能,是原子核中的核子重新分配时释放出来的能量。核能分为核裂变能和核聚变能。核裂变能是通过重元素(如铀、钍等)的原子核发生链式裂变反应时释放出来的能量,如图 6-1 所示;核聚变能是氢元素(氘和氚)原子核发生聚合反应时释放出来的能量。迄今为止,工业应用的核能只有核裂变能。

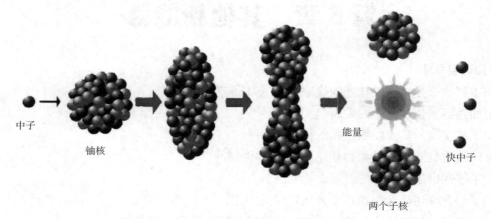

中子　　　　　　　　　　　　　　　　　　　　　　　能量　　　　快中子

铀核

两个子核

图 6-1　核裂变的过程

原子由原子核和电子组成,其中原子核又由质子和中子组成。19 世纪末,英国物理学家汤姆逊首先发现了电子。英国物理学家卢瑟福于 1914 年和查德威克于 1932 年分别发现了质子、中子。19 世纪末,法国物理学家贝克勒尔、居里夫妇分别发现了铀和镭的放射性。1938 年,德国奥托·哈恩等用中子轰击原子核,首次发现重原子核聚变弦线。1919 年,卢瑟福用 α 粒子轰击氮原子核,得到氧原子核和氢原子核,首次实现了人工核反应。爱因斯坦在 1905 年提出相对论,是核能理论的伟大奠基者。根据此理论,世人才认识到放射性元素在释放肉眼看不见的射线后,变成别的元素,原子的质量会有所减轻,所损失的质量转变成巨大的能量,这就是核能的本质。

2. 核能的优缺点

核能是一种经济、清洁和安全的能源,目前在民用领域主要用于发电。它具有以下优势。

1)能量密度大

核能的能量密度大,消耗少量的核燃料就可以产生巨大的能量,每千克铀 235 释放的能量相当于 2 500 吨优质煤燃烧释放的能量。对于核电厂来说,只需消耗少量的核燃料,就能产生大量的电能。例如一座 100 万千瓦的火力发电厂每年要耗煤 300 万 ~400 万吨,而相同功率的核电厂每年只需核燃料 30~40 吨。因此,核能的利用不仅可以节省大量的煤炭、石油,而且极大地减少了煤炭和石油运输量。

2)比较清洁

核能是一种清洁能源,核能利用是减小我国能源环境污染的有效途径。我国核工业辐射环境质量评价表明,核工业对评价范围内居民产生的集体剂量小于同一范围内居民所受天然辐射剂量的 1/10 000。核设施周围关键居民组所受剂量基本上小于天然本体的 1/10。秦山、大亚湾核电厂小于 1/100。因此,核能是一种环境友好的绿色能源。

此外,核电是各种能源中温室气体排放量最小的发电方式。核能温室气体排放源大部分来自于核燃料的提取、加供、富集过程以及建筑材料钢和水泥生产过程中消耗的化石燃料。从图 6-2 中可看出,核电温室气体排放量甚至小于水电、风力或生物质能。

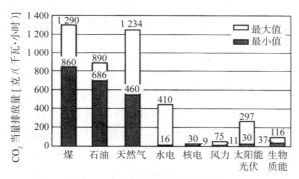

图 6-2　不同能源的温室气体排放比较

3)比较经济

发电的成本由投资费、燃料费和运行费三部分组成。据估计,核电的投资费比重几乎等于煤电的燃料费比重;而核电的燃料费比重等于或小于煤电的投资比重,意味着投产后核电厂的发电成本受燃料价格波动影响远小于煤电厂,核电厂的成本不易受到国际经济形势影响,故发电成本较其他发电形式更为稳定。

6.1.2　核能发电

核能发电是利用核反应堆中核裂变或聚变所释放出的热能进行发电的方式。它与火力发电极其相似,只是以核反应堆及蒸汽发生器来代替火力发电的锅炉,以核裂变能代替矿物燃料的化学能。核电站通常由一回路系统和二回路系统两大部分组成,如图 6-3 所示。核电站的核心是反应堆,反应堆工作时放出的核能主要是以热能的形式由一回路系统的冷却剂带出,用以产生蒸汽,所以一回路系统又被称为"核供汽系统";由蒸汽驱动汽轮发电机组进行发电的系统称为二回路系统。工业核电站的功率一般可达到几十万千瓦、几百万千瓦。

从 20 世纪 50 年代第一座核电站诞生以来,全球核电发展很快,核电技术不断完善,出现各种类型的反应堆,如亚水堆、沸水堆、重水堆、石墨堆、气冷堆及快中子堆等,其中,以轻水作为慢化剂和载热剂的轻水反应堆(包括压水堆和沸水堆)应用最多。

第一代核电站。核电站的开发与建设开始于 20 世纪 50 年代。1954 年,前苏联建成发电功率为 5 兆瓦的实验性核电站;1957 年,美国建成发电功率为 9 万千瓦的 Ship-Ping-Port 原型核电站。第一代核电主要为原型堆,其目的在于验证核电设计技术和商业开发前景。

第二代核电站。20 世纪 60 年代后期,在实验性和原型核电机组基础上,陆续建成发电功率 30 万千瓦的压水堆、沸水堆、重水堆、石墨水冷堆等核电机组,其在进一步证明核能发电技术可行性的同时,使核电的经济性也得以证明。世界上运行的四百多座商业核电机组绝大部分是在这个时期建成的,属于第二代核电站。

第三代核电站。20 世纪 90 年代,为了消除三里岛和切尔诺贝利核电站事故的负面影响,世界核电业界集中力量对严重事故的预防和缓解进行了研究和攻关。美国和欧洲先后出台了《先进轻水堆用户要求文件》（即 URD 文件）和《欧洲用户对轻水堆核电站的要求》（即 EUR 文件），进一步明确了预防与缓解严重事故，提高安全可靠性等方面的要求。第三代核电站为符合 URD 或 EUR 要求的核电站，其安全性和经济性均较第二代有所提高，属于未来发展的主要方向之一。

　　第四代核电站。2000 年 1 月，在美国能源部的倡议下，美国、英国、瑞士、南非、日本、法国、加拿大、巴西、韩国和阿根廷共 10 个有意发展核能的国家，联合组成了"第四代国际核能论坛"，于 2001 年 7 月签署了合约，约定共同合作研究开发第四代核能技术。根据设想，第四代核能方案的安全性和经济性将更加优越，废物量极少，无须厂外应急，并具备固有的防止核扩散的能力。高温气冷堆、熔盐堆、钠冷快堆就是具有第四代特点的反应堆。2012年 12 月 9 日，中国自主研发的世界首座具有第四代核电特征的高温气冷堆核电站在位于中国东部沿海山东省荣成市的华能石岛湾核电厂开工建设。石岛湾核电站是中国拥有自主知识产权的第一座高温气冷堆示范电站，也是世界上第一座具有第四代核能系统安全特性模块式高温气冷堆商用规模示范电站。

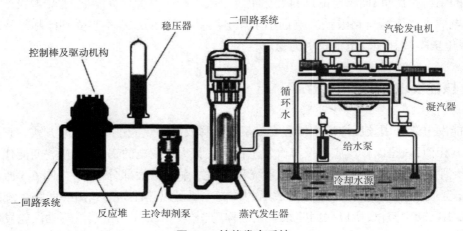

图 6-3　核能发电系统

6.1.3　我国核电发展趋势

　　"十二五"时期我国能源较快发展，供给保障能力不断增强，发展质量逐步提高，创新能力迈上新台阶，新技术、新产业、新业态和新模式开始涌现，能源发展站到转型变革的新起点。非化石能源和天然气消费比重分别提高 2.6 和 1.9 个百分点，煤炭消费比重下降 5.2 个百分点，清洁化步伐不断加快。核电、水电、风电、光伏发电在建规模均为世界第一。非化石能源发电装机比例达到 35%，新增非化石能源发电装机规模占世界的 40% 左右。

　　"十三五"时期是我国实现非化石能源消费比重达到 15% 目标的决胜期。我国主体能源由油气替代煤炭、非化石能源替代化石能源的双重更替进程将加快推进。

　　2016 年，国务院公布《能源发展"十三五"规划》，提出安全高效发展核电，采用我国核国际最新核安全标准，在确保万无一失的前提下，在沿海地区开工建设一批先进三代压水堆核电项目。加快堆型整合步伐,稳妥解决堆型多、堆型杂的问题,逐步向自主三代主力堆型集中。积极开展内陆核电项目前期论证工作,加强厂址保护。深入实施核电重大科技专项,开工建设 CAP1400 示范工程,建成高温气冷堆示范工程。加快论证并推动大型商用乏燃料后处理厂建设。适时启动智能小型堆、商业快堆、60 万千瓦级高温气冷堆等自主创新示范项目,推进核能综合利用。到 2020 年,核电装机规模达到 5 800 万千瓦,在建规模达到 3 000 万千瓦,形成国际先进的集技术开发、设计、装备制造、运营服务于一体的核电全产业链发展能力。

【试一试】在全球范围内,核能的发展经历了一波三折的过程。你觉得核能应该作为新能源的重要发展方向吗? 分组讨论,并阐述你的理由。

6.2　生物质能

在地球的自然演变过程中,大自然生态系统经几十亿年的漫长进化,将巨量的碳封存于地下,使得大气中的二氧化碳、甲烷等的浓度降低到适合人类和动物生存的程度。生命的起源一开始就受益于生物质能的直接作用,人类起源时期就开始认识到生物质能可以维系人类生命的延续和传承。从与大自然的抗争中人类学会了刀耕火种,这是人类应用生物质能的开始。随着对能源形态的认识,人类意识到化石燃料的贮存量在急剧减少,煤、石油及天然气等的过度开采和使用,使地球环境日益恶化。现代人类要在短短的几百年中把这些封存的碳集中并快速释放出来,必将对生态平衡造成极大的破坏。在这样一种背景下,生物质能成为继煤、石油及天然气等受人类关注的能源之后,越来越受到世人关注的又一大类能源。

6.2.1　生物质能概述

生物质能是太阳能以化学能形式贮存在生物中的一种能量形式,是一种以生物为载体的能量,它直接或间接地来源于植物的光合作用。在各种可再生能源中,生物质能是独特的,它是贮存的太阳能,更是一种唯一可再生的碳源,生物质能可转化成常规的固态、液态或气态的燃料。生物质能作为人类认识的一大类能源遍布世界各地,其蕴藏量极大,形式繁多,其中包括薪柴、农林作物,更有为了生产能源而种植的能源作物、农业和林业残剩物、食品加工和林产品加工的下脚料、城市固体废弃物、生物废水和水生植物等。

1. 生物质能的特点

作为人类史上应用最早的一大类能源,生物质能有如下的特点。

(1)可再生性。生物质能属于可再生的资源,生物质能通过植物的光合作用可再生,它与风能、太阳能等同属于新型能源和可再生能源,其资源丰富,可保证能源的永续利用。

(2)低污染性。生物质的硫含量、氮含量很低,在燃烧的过程中,氮、硫的氧化物释放较少,对酸雨的控制能起到相当大的作用。由于生物质在生长时需要的二氧化碳和它燃烧时排放二氧化碳的量相当,因而对大气的二氧化碳净排放量近乎为零,可有效减轻温室效应。

（3）泛分布性。基于这样的特点，缺乏煤炭的地方可充分利用生物质能。

（4）丰富性。据生物学家估算，地球陆地每年生产 1 000~1 250 亿吨干生物质，海洋每年生产 500 亿吨干生物质。生物质能源的年生产量远远超过全世界的总能量需求，相当于目前世界总能量的 10~20 倍，但目前的利用率不到 3%。

2. 生物质能的分类

依据来源的不同，将适合于能源利用的生物质分为林业资源、农业资源、生活污水和工业有机废水、城市固体废物、畜禽粪便及沼气等六大类。

1）林业资源

林业生物质资源是指森林生长和林业生产过程提供的生物质能源，包括薪炭林——在森林抚育和间伐作业中的零散木材，残留的树枝、树叶和木屑等；木材采运和加工过程中的枝丫、锯末、木屑、梢头、板皮和截头等；林业副产品的废弃物，如果壳和果核等。

2）农业资源

农业生物质能资源是指农业作物（包括能源作物）；农业生产过程中的废弃物，如农作物收获时残留在农田内的农作物秸秆（玉米秸、高粱秸、麦秸、稻草、豆秸和棉秆等）；农业加工业的废弃物，如农业生产过程中剩余的稻壳等。

3）生活污水和工业有机废水

生活污水主要由城镇居民生活、商业和服务业的各种排水组成，如冷却水、洗浴排水、盥洗排水、洗衣排水、厨房排水及粪便污水等。工业有机废水主要是酒精、酿酒、制糖、食品、制药、造纸及屠宰等行业生产过程中排出的废水等，其中都富含有机物。

4）城市固体废物

城市固体废物主要是由城镇居民生活垃圾，商业、服务业垃圾和少量建筑业垃圾等固体废物构成的。其组成比较复杂，受当地居民的平均生活水平、能源消费结构、城镇建设、自然条件、传统习惯及季节变化等因素影响。

5）畜禽粪便

畜禽粪便是畜禽排泄物（含沼气）的总称，它是其他形态生物质（主要是粮食、农作物秸秆和牧草等）的转化形式，包括畜禽排出的粪便、尿及其与垫草的混合物。

6）沼气

沼气也是由生物质能转换的一种可燃气体，通常可以供农家烧饭、照明。

6.2.2　生物质能的利用技术

生物质能一直是人类赖以生存的重要能源，在整个能源系统中占有重要地位。有关专家估计，生物质能极有可能成为未来可持续能源系统的组成部分，到 22 世纪中叶，采用新技术生产的各种生物质替代燃料将占全球总能耗的 40% 以上。

目前，人类对生物质能的利用包括直接用作燃料的农作物的秸秆、薪柴等，间接作为燃料的农林废弃物、动物粪便、垃圾及藻类等，它们通过微生物作用生成沼气或采用热解法制造液体和气体燃料,也可制造生物炭。生物质能是世界上最为广泛的可再生能源。

现代生物质能的利用是通过生物质的厌氧发酵制取甲烷,用热解法生成燃料气、生物油和生物炭,用生物质制造乙醇和甲醇燃料,以及利用生物工程技术培育能源植物,发展能源农场,利用生物质能发电。

1)直接燃烧

生物质直接燃烧是生物质能源转化中相当古老的技术,人类对能源的最初利用就是从木柴燃火开始的。从能量转换的角度来看,生物质直接燃烧是通过燃烧将化学能转化为热能加以利用,是最普通的生物质能转换技术。如生物质炉灶、生物质直燃发电(秸秆发电厂)、固体废弃物焚烧利用(垃圾焚烧厂)等。

2)生物质气化

生物质气化技术是将固体生物质置于气化炉内加热,同时通入空气、氧气或水蒸气,来产生品位较高的可燃气体。它的特点是气化率可达 70% 以上,热效率也可达 85%。生物质气化生成的可燃气经过处理可用于合成、取暖、发电等,这对于生物质原料丰富的偏远山区意义十分重大,不仅能提高当地居民的生活质量,而且也能够提高用能效率,节约能源。

3)液体生物燃料

由生物质制成的液体燃料叫作生物燃料。生物燃料主要包括生物乙醇、生物丁醇、生物柴油、生物甲醇等。虽然利用生物质制成液体燃料起步较早,但发展比较缓慢。由于受世界石油资源、价格、环保和全球气候变化的影响,自 20 世纪 70 年代以来,许多国家日益重视生物燃料的发展,并取得了显著的成效。

4)沼气

沼气是各种有机物质在隔绝空气(还原)并且在适宜的温度、湿度条件下,经过微生物的发酵作用产生的一种可燃烧气体。沼气的主要成分——甲烷类似于天然气,是一种理想的气体燃料,它无色无味,与适量空气混合后即可燃烧。

(1)沼气的传统利用和综合利用技术。

我国是世界上开发沼气较多的国家,最初主要是农村的户用沼气池,以解决秸秆焚烧和燃料供应不足的问题,后来的大中型沼气工程始于 1936 年。此后,大中型废水、养殖业污水、村镇生物质废弃物、城市垃圾沼气的建立扩宽了沼气的生产和使用范围。

自 20 世纪 80 年代以来,建立起的沼气发酵综合利用技术以沼气为纽带,将物质多层次利用、能量合理流动的高效农业模式,已逐渐成为我国农村地区利用沼气技术促进可持续发展的有效方法。通过沼气发酵综合利用技术,沼气用于农户生活和农副产品生产加工,沼液用于饲料、生物农药、培养料液的生产,沼渣用于肥料的生产。我国北方推广的塑料大棚、沼气池、气禽畜舍和厕所相结合的"四位一体"沼气生态农业模式,中部地区以沼气为纽带的生态果园模式,南方建立的"猪-果"模式,以及其他地区因地制宜建立的"养殖-沼气"、"猪-沼-鱼"和"草-牛-沼"等模式,都是以农业为龙头,以沼气为纽带,对沼气、沼液、沼渣的多层次利用的生态农业模式。沼气发酵综合利用生态农业模式的建立使农村沼气和农业生态紧密结合,是改善农村环境卫生的有效措施,也是发展绿色种植业、养殖业的有效途径,已成为农村经济新的增长点。

（2）沼气发电技术。

沼气燃烧发电是随着大型沼气池建设和沼气综合利用的不断发展而出现的一项沼气利用技术，它将厌氧发酵处理产生的沼气用于发动机上，并装有综合发电装置，以产生电能和热能。沼气发电具有高效、节能、安全和环保等特点，是一种分布广泛且价廉的分布式能源。沼气发电在发达国家已受到广泛重视和积极推广。生物质能发电并网电量在西欧一些国家占能源总量的 10% 左右。

（3）沼气燃料电池技术。

燃料电池是一种将储存在燃料和氧化剂中的化学能直接转化为电能的装置。当源源不断地从外部向燃料电池供给燃料和氧化剂时，它可以连续发电。依据电解质的不同，燃料电池分为碱性燃料电池（AFC）、质子交换膜（PEMFC）、磷酸（PAFC）、溶融碳酸盐（MCFC）及固态氧化物（SOFC）等。

燃料电池能量转换效率高、洁净、无污染、噪声低，既可以集中供电，也适合分散供电，是 21 世纪最有竞争力的高效、清洁的发电方式之一，它在洁净煤炭燃料电站、电动汽车、移动电源、不间断电源、潜艇及空间电源等方面有着广泛的应用前景。

5）生物制氢

氢气是一种清洁、高效的能源，有着广泛的工业用途，潜力巨大。生物制氢研究逐渐成为人们关注的热点，但将其他物质转化为氢并不容易。生物制氢过程可分为厌氧光合制氢和厌氧发酵制氢两大类。

6）生物质发电

生物质发电技术是将生物质能源转化为电能的一种技术，主要包括农林废物发电、垃圾发电和沼气发电等。作为一种可再生能源，生物质能发电在国际上越来越受到重视，在我国也越来越受到政府的关注和民间的拥护。

【试一试】目前我国的火力发电依然占总发电量的 70% 以上。查阅资料，整理出火力发电厂和生物质发电厂的异同点。如果某地区生物质资源丰富，可否把当地的火力发电厂改造成生物质发电厂？

6.2.3 我国生物质能发展现状和趋势

生物质能是世界上重要的新能源，技术成熟，应用广泛，在应对全球气候变化、能源供需矛盾、保护生态环境等方面发挥着重要作用，是全球继石油、煤炭、天然气之后的第四大能源，成为国际能源转型的重要力量。

1. 发展现状

"十二五"时期，我国生物质能产业发展较快，开发利用规模不断扩大。我国生物质资源丰富，能源化利用潜力大。全国可作为能源利用的农作物秸秆及农产品加工剩余物、林业剩余物和能源作物、生活垃圾与有机废弃物等生物质资源总量每年约 4.6 亿吨标准煤。截至 2015 年，生物质能利用量约 3 500 万吨标准煤，其中商品化的生物质能利用量约 1 800 万吨标准煤。生物质发电和液体燃料产业已形成一定规模，生物质成型燃料、生物天然气等产业已起步,呈现良好发展势头。

1)生物质发电

截至 2015 年,我国生物质发电总装机容量约 1 030 万千瓦,其中农林生物质直燃发电约 530 万千瓦,垃圾焚烧发电约 470 万千瓦,沼气发电约 30 万千瓦,年发电量约 520 亿千瓦时,生物质发电技术基本成熟。

2)生物质成型燃料

截至 2015 年,生物质成型燃料年利用量约 800 万吨,主要用于城镇供暖和工业供热等领域。生物质成型燃料供热产业处于规模化发展初期,成型燃料机械制造、专用锅炉制造、燃料燃烧等技术日益成熟,具备规模化、产业化发展基础。

3)生物质燃气

截至 2015 年,全国沼气理论年产量约 190 亿立方米,其中户用沼气理论年产量约 140 亿立方米,规模化沼气工程约 10 万处,年产气量约 50 亿立方米,沼气正处于转型升级关键阶段。

4)生物质液体燃料

截至 2015 年,燃料乙醇年产量约 210 万吨,生物柴油年产量约 80 万吨。生物柴油处于产业发展初期,纤维素乙醇燃料加快示范,我国自主研发的生物航煤成功应用于商业化载客飞行示范。

2. 发展趋势

《生物质能发展“十三五”规划》指出,到 2020 年,生物质能基本实现商业化和规模化利用。生物质能年利用量约 5 800 万吨标准煤。生物质发电总装机容量达到 1 500 万千瓦,年发电量 900 亿千瓦时,其中农林生物质直燃发电 700 万千瓦,城镇生活垃圾焚烧发电 750 万千瓦,沼气发电 50 万千瓦;生物天然气年利用量 80 亿立方米;生物液体燃料年利用量 600 万吨;生物质成型燃料年利用量 3 000 万吨。

1)大力推动生物天然气规模化发展

到 2020 年,初步形成一定规模的绿色、低碳生物天然气产业,年产量达到 80 亿立方米,建设 160 个生物天然气示范县和循环农业示范县。

在粮食主产省份以及畜禽养殖集中区等种植、养殖大县,按照能源、农业、环保“三位一体”格局,整县推进,建设生物天然气循环经济示范区。

选择有机废弃物丰富的种植、养殖大县,发展生物天然气和有机肥。以生物天然气项目产生的沼渣沼液为原料,建设专业化标准化有机肥项目。

2)积极发展生物质成型燃料供热

在具备资源和市场条件的地区,特别是在大气污染形势严峻、淘汰燃煤锅炉任务较重的京津冀鲁、长三角、珠三角、东北等区域,以及散煤消费较多的农村地区,加快推广生物质成型燃料锅炉供热,为村镇、工业园区及公共和商业设施提供可再生清洁热力。

3)稳步发展生物质发电

在农林资源丰富区域,统筹原料收集及负荷,推进生物质直燃发电全面转向热电联产;在经济较为发达地区合理布局生活垃圾焚烧发电项目,加快西部地区垃圾焚烧发电发展;在秸秆、畜禽养殖废弃物资源比较丰富的乡镇,因地制宜推进沼气发电项目建设。

农林生物质发电全面转向分布式热电联产,推进新建热电联产项目,对原有纯发电项目进行热电联产改造,为县城、大乡镇供暖及为工业园区供热。加快推进糠醛渣、甘蔗渣等热电联产及产业升级。

在人口密集、具备条件的大中城市稳步推进生活垃圾焚烧发电项目建设。鼓励建设垃圾焚烧热电联产项目。

结合城镇垃圾填埋场布局,建设垃圾填埋气发电项目;积极推动酿酒、皮革等工业有机废水和城市生活污水处理沼气设施热电联产;结合农村规模化沼气工程建设,新建或改造沼气发电项目。积极推动沼气发电无障碍接入城乡配电网和并网运行。到 2020 年,沼气发电装机容量达到 50 万千瓦。

4)加快生物液体燃料示范和推广

在玉米、水稻等主产区,结合陈次和重金属污染粮消纳,稳步扩大燃料乙醇生产和消费;根据资源条件,因地制宜开发建设以木薯为原料,以及利用荒地、盐碱地种植甜高粱等能源作物,建设燃料乙醇项目。加快推进先进生物液体燃料技术发展和产业化示范。到 2020 年,生物液体燃料年利用量达到 600 万吨以上。

大力发展纤维乙醇。立足国内自有技术力量,积极引进、消化、吸收国外先进经验,开展先进生物燃料产业示范项目建设;适度发展木薯等非粮燃料乙醇。合理利用国内外资源,促进原料多元化供应。选择木薯、甜高粱茎秆等原料丰富地区或利用边际土地和荒地种植能源作物,建设 10 万吨级燃料乙醇工程;控制总量发展粮食燃料乙醇。统筹粮食安全、食品安全和能源安全,以霉变玉米、毒素超标小麦、"镉大米"等为原料,在"问题粮食"集中区,适度扩大粮食燃料乙醇生产规模。

对生物柴油项目进行升级改造,提升产品质量,满足交通燃料品质需要。建立健全生物柴油产品标准体系。开展市场封闭推广示范,推进生物柴油在交通领域的应用。

加强纤维素、微藻等原料生产生物液体燃料技术研发,促进大规模、低成本、高效率示范应用。加快非粮原料多联产生物液体燃料技术创新,建设万吨级综合利用示范工程。推进生物质转化合成高品位燃油和生物航空燃料产业化示范应用。

【试一试】随着人们环境保护意识的提升,广大农村地区的生活燃料结构也发生了巨大的变化,从靠烧柴草转变到目前的煤气、石油液化气等。从 2019 年 7 月 1 日起,上海率先发布了《上海市生活垃圾管理条例》,标志着我国城市生活垃圾分类走向法制化管理。请查阅资料,阐述生物质能的发展对环境保护的意义。

6.3　地热能

地热能是由地壳抽取的天然热能,这种能量来自地球内部的熔岩,以热力形式存在,是引致火山爆发及地震的能量。地球内部的温度高达 7 000 摄氏度,而在距地表 80~100 千米的深度,温度会降至 650~1 200 摄氏度。透过地下水的流动和熔岩涌至离地面 1~5 千米的地壳,热力得以被转送至较接近地面的地方。高温的熔岩将附近的地下水加热,这些加热了的水最终会渗出地面。运用地热能最简单和最合乎成本效益的方法,就是直接取用这些热源,并抽取其能量。地热能是可再生资源。

6.3.1　地热能的概述

地热能大部分是来自地球深处的可再生性热能,它起于地球的熔融岩浆和放射性物质的衰变。地下水的深处循环和来自极深处的岩浆侵入到地壳后,把热量从地下深处带至近地表层。在有些地方,热能随自然涌出的热蒸汽和水到达地面,这种热能的储量相当大。地热能在地表的示意如图 6-4 所示。

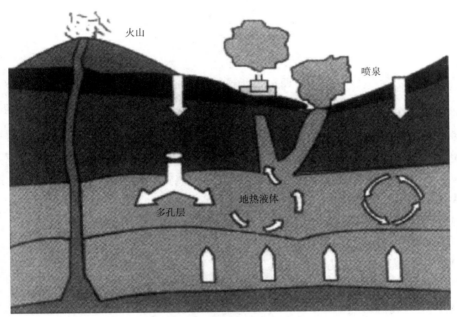

图 6-4　地热能在地表示意图

1. 地热能的形成

现在的科学研究表明,地球是一个巨大的实心椭球体,表面积约为 5.1×10^8 平方千米,体积约为 1.08×10^{12} 立方千米,赤道半径为 6 378 千米,极半径为 6 357 千米。地球的构造主要分为 3 层:地壳、地幔和地核。地球的内部构造如图 6-5 所示。

地壳是地球最外面的一层,即地球外表,地壳由土层和坚硬的岩石组成,它的厚度各处不一,介于 10~70 千米。地幔是地球的中间部分,也称为中间层,这一层大部分是熔融状态的岩浆。地幔的厚度约为 2 900 千米,它由铁、硅、镁等物质组成,温度在 1 000 摄氏度以上。地核是地球的中心,地核的温度为 2 000~5 000 摄氏度,外核深 2 900~5 100 千米,内核深 5 100 千米。地核以下直至地心,一般认为是由铁、镍等重金属组成的。

地热主要来源于地球内部的熔融岩浆和放射性元素(铀 238、铀 235、钾 40 等)衰变产生的热量。这些放射性元素的衰变是核能的释放过程。它们无须外力的作用,就能自发地放出电子、氨核和光子等高速粒子,并形成射线。在地球内部,这些粒子和射线的动能和辐射能在同地球物质的碰撞过程中便转变成热能。

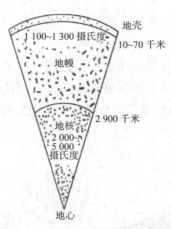

图 6-5   地球的内部构造

2. 地热资源划分

离地球表面 5 000 米深,15 摄氏度以上的岩石和液体的总含热量,据推算约为 14.5×10^{25} 焦,约相当于 4 948 万亿吨标准煤的热量。地热来源主要是地球内部长寿命放射性同位素热核反应产生的热能。按照其储存形式,地热资源可分为蒸汽型、热水型、地压型、干热岩型和岩浆型 5 大类。

(1)蒸汽型,包括热水及湿蒸汽。

(2)热水型,高温蒸汽。

(3)地压型,高压水,压力一般可达几十兆帕。

(4)干热岩型,温度很高的岩石层。

(5)岩浆型,高温熔岩。

按温度划分地热资源,中国一般把高于 150 摄氏度的地热资源称为高温地热,主要用于发电。低于此温度的地热资源叫中低温地热,通常直接用于采暖、工农业加温、水产养殖及医疗和洗浴等。

6.3.2   我国地热能资源分布

地热能集中分布在构造板块边缘一带,该区域也是火山和地震多发区。如果热量提取的速度不超过补充的速度,那么地热能便是可再生的。地热能在世界很多地区应用相当广泛。据估计,每年从地球内部传到地面的热能相当于 100 皮瓦时。不过,地热能的分布相对来说比较分散,开发难度大。

我国从 20 世纪 70 年代开始地热普查、勘探和利用,建设了广东丰顺等 7 个中低温地热能电站。1977 年,在西藏建设了羊八井地热电站。20 世纪 90 年代以来,北京、天津、保定、咸阳、沈阳等城市开展中低温地热资源供暖、旅游疗养、种植养殖等直接利用工作。自 21 世纪初以来,热泵供暖(制冷)等浅层地热能的开发、利用逐步加快。

据国土资源部中国地质调查局 2015 年调查评价结果,全国 336 个地级以上城市浅层地热能年可开采资源量可折合 7 亿吨标准煤;全国水热型地热资源量可折合 1.25 万亿吨标准煤,年可开采资源量可折合 19 亿吨标准煤;埋深在 3 000~10 000 米的干热岩资源量可折合 856 万亿吨标准煤。我国地热资源分布如表 6-1 所示。

表 6-1　我国地热资源分布

资源类型			分布地区
浅层地热资源			东北地区南部、华北地区、江淮流域、四川盆地和西北地区东部
水热型地热资源	中低温	沉积盆地型	东部中、新生代平原盆地,包括华北平原、河-淮盆地、苏北平原、江汉平原、松辽盆地、四川盆地以及环鄂尔多斯断陷盆地等地区
		隆起山地型	藏南、川西和滇西、东南沿海、胶东半岛、辽东半岛、天山北麓等地区
	高温		藏南、滇西、川西等地区
干热岩资源			主要分布在西藏,其次为云南、广东、福建等东南沿海地区

6.3.3　地热能利用

人类很早以前就开始和利用地热能,例如利用温泉沐浴、医疗,利用地下热水取暖、建造农作物温室、水产养殖及烘干谷物等。但真正认识地热资源并进行较大规模的开发、利用却是始于 20 世纪中叶。

目前,地热能的利用可分为地热发电和直接利用两大类。对于不同温度的地热流体可能利用的范畴如下:200~400 摄氏度的地热资源直接发电及综合利用;150~200 摄氏度的地热资源用于双循环发电、制冷、工业干燥及工业热加工;100~150 摄氏度的地热资源用于双循环发电、供暖、制冷、工业干燥、脱水加工、回收盐类及罐头食品;50~100 摄氏度的地热资源用于供暖、温室、家庭用热水及工业干燥;20~50 摄氏度的地热资源用于沐浴、水产养殖、饲养牲畜、土壤加温及脱水加工。

1. 地热发电(图 6-6)

地热发电是地热利用的最重要方式。高温地热流体应首先应用于发电。地热发电和火力发电的原理是一样的,都是利用蒸汽的热能在汽轮机中转变为机械能,然后带动发电机发电。不同的是,地热发电不像火力发电那样需要装备庞大的锅炉,也不需要消耗燃料,它所用的能源就是地热能。地热发电的过程就是把地下热能首先转变为机械能,然后再把机械能转变为电能的过程。要利用地下热能,首先需要有“载热体”把地下的热能带到地面上来。能够被地热电站利用的载热体,主要是地下的天然蒸汽和热水。按照载热体类型、温度、压力和其他特性的不同,可把地热发电的方式划分为蒸汽型地热发电和热水型地热发电两大类。

1）蒸汽型地热发电

蒸汽型地热发电是把蒸汽田中的干蒸汽直接引入汽轮发电机组发电，但在引入发电机组前应把蒸汽中所含的岩屑和水滴分离出去。这种发电方式最为简单，但干蒸汽地热资源十分有限，且多存于较深的地层，开采技术难度大，故发展受到限制。主要有背压式和凝汽式两种发电系统。

2）热水型地热发电

热水型地热发电是地热发电的主要方式。目前，热水型地热电站有两种循环系统。

（1）闪蒸系统。

闪蒸系统是将高压热水从热水井中抽至地面，在压力降低部分的热水会沸腾并"闪蒸"成蒸汽，将蒸汽送至汽轮机做功；而分离后的热水可继续利用后排出，当然最好是再回注入地层。

（2）双循环系统。

双循环系统是地下热水首先流经热交换器，将地热能传给另一种低沸点的工作流体，使之沸腾而产生蒸汽。蒸汽进入汽轮机做功后进入凝汽器，再通过热交换器完成发电循环。地下热水则从热交换器回注入地层。这种系统特别适合于含盐量大、腐蚀性强和不凝结气体含量高的地热资源。发展双循环系统的关键技术是开发高效的热交换器。

图 6-6　地热发电示意图

2. 地热供暖（图 6-7）

将地热能直接用于采暖、供热和供热水是仅次于地热发电的地热利用方式。这种地热能的利用方式简单、经济性好，备受各国重视，特别是位于高寒地区的西方国家，其中冰岛的地热供暖开发、利用得最好。该国早在 1928 年就在首都雷克雅未克建成了世界上第一个地热供热系统，现今这一供热系统已发展得非常完善，每小时可从地下抽取 7 740 吨 80 摄氏度的热水，供全市 11 万居民使用。由于没有高耸的烟囱，冰岛首都已被誉为"世界上最清洁无烟的城市"。此外利用地热给工厂供热，如用作干燥谷物和食品的热源，用作硅藻土生产、造纸、制革、纺织、酿酒、制糖等生产过程的热源也是大有前途的。目前世界上最大两家地热应用工厂就是冰岛的硅藻土厂和新西兰的纸浆加工厂。我国利用地热供暖和供热水发展也非常迅速,在京津地区已成为地热利用中最普遍的方式。

图 6-7　地热供暖示意图

3. 地热务农

地热在农业中的应用范围十分广阔。如利用温度适宜的地热水灌溉农田,可使农作物早熟增产;利用地热水养鱼,在 28 摄氏度水温下可加速鱼的育肥,提高鱼的出产率;利用地热建造温室(图 6-8),育秧、种菜和养花;利用地热给沼气池加温,提高沼气的产量等。将地热能直接用于农业的方式在我国日益广泛,北京、天津、西藏和云南等地都建有面积大小不等的地热温室。各地还利用地热大力发展养殖业,如培养菌种、养殖非洲鲫鱼、鳗鱼、罗非鱼、罗氏沼虾等。

图 6-8　地热温室

4. 地热行医

地热在医疗领域的应用有广阔的前景,热矿水就被视为一种宝贵的资源,世界各国都很珍惜。由于地热水从很深的地下提取到地面,除温度较高外,常含有一些特殊的化学元素,使它具有一定的医疗效果。如含碳酸的矿泉水供饮用,可调节胃酸、平衡人体酸碱度;含铁矿泉水饮用后,可治疗缺铁性贫血;氢泉、硫化氢泉洗浴可治疗神经衰弱和关节炎、皮肤病等。由于温泉(图 6-9)的医疗作用及伴随温泉出现的特殊的地质、地貌条件,使温泉常常成为旅游胜地,吸引大批疗养者和旅游者。在日本就有 1 500 多个温泉疗养院,每年吸引 1 亿人到这些疗养院休养。我国利用地热治疗疾病的历史悠久,含有各种矿物元素的温泉众多,因此充分发挥地热的医疗作用,发展温泉疗养行业是大有可为的。

随着与地热利用相关的高新技术的发展,人们将能更精确地查明更多的地热资源;钻更深的钻井将地热从地层深处取出,因此地热利用也必将进入一个飞速发展的阶段。

地热能在应用中要注意地表的热应力承受能力,不能形成过大的覆盖率,这会对地表温度和环境产生不利的影响。

图 6-9　地热温泉

6.3.4　我国地热能发展趋势

《地热能开发利用"十三五"规划》指出,在"十三五"时期,新增地热能供暖(制冷)面积11 亿平方米,其中新增浅层地热能供暖(制冷)面积 7 亿平方米;新增水热型地热供暖面积4 亿平方米。新增地热发电装机容量 500 兆瓦。到 2020 年,地热供暖(制冷)面积累计达到16 亿平方米,地热发电装机容量约 530 兆瓦。2020 年,地热能年利用量 7 000 万吨标准煤,地热能供暖年利用量 4 000 万吨标准煤。京津冀地区地热能年利用量达到约 2 000 万吨标准煤。

1. 水热型地热供暖

在京津冀、山西(太原市)、陕西(咸阳市)、山东(东营市)、山东(菏泽市)、黑龙江(大庆市)、河南(濮阳市)建设水热型地热供暖重大项目。采用"采灌均衡、间接换热"或"井下换热"的工艺技术,实现地热资源的可持续开发。

2. 浅层地热能利用

沿长江经济带地区,针对城镇居民对供暖的迫切需求,加快推广以热泵技术应用为主的地热能利用,减少大规模燃煤集中供暖,减轻天然气供暖造成的保供和价格的双重压力。以重庆、上海、苏南地区城市群、武汉及周边城市群、贵阳市、银川市、梧州市、佛山市三水区为重点,整体推进浅层地热能供暖(制冷)项目建设。

3. 中高温地热发电

西藏地区位于全球地热富集区,地热资源丰富且品质较好。有各类地热显示区(点)600 余处,居全国之首。西藏高温地热能居全国之首,发电潜力约 3 000 兆瓦,尤其是班公错—怒江活动构造带以南地区,为西藏中高温地热资源富集区,区内人口集中,经济发达,对能源的需求量巨大,是开展中高温地热发电规模开发的有利地区。

根据西藏地热资源勘探成果和资源潜力评价结果,优选当雄县、那曲县、措美县、噶尔县、普兰县、谢通门县、错那县、萨迦县、岗巴县 9 个县境内的羊八井、羊易、宁中、谷露、古堆、朗久、曲谱、查布、曲卓木、卡乌和苦玛 11 处高温地热田作为"十三五"地热发电目标区域,11 处高温地热田发电潜力合计 830 兆瓦,"十三五"有序启动 400 兆瓦装机容量规划或建设工作。

4. 中低温地热发电

在东部地区开展中低温地热发电项目建设。重点在河北、天津、江苏、福建、广东、江西等地开展,通过政府引导,逐步培育市场与企业,积极发展中低温地热发电。

5. 干热岩发电

开展万米以下浅地热资源勘查开发工作,积极开展干热岩发电试验,在藏南、川西、滇西、福建、华北平原、长白山等资源丰富地区选点,通过建立 2~3 个干热岩勘查开发示范基地,形成技术序列、孵化相关企业、积累建设经验,在条件成熟后进行推广。

初步估算,"十三五"期间,浅层地热能供暖(制冷)可拉动投资约 1 400 亿元,水热型地热能供暖可拉动投资约 800 亿元,地热发电可拉动投资约 400 亿元,合计约为 2 600 亿元。此外,地热能的开发、利用还可带动地热资源勘查评价、钻井、热泵、换热等一系列关键技术和设备制造产业的发展。

地热资源具有绿色环保、污染小的特点,其开发和利用不排放污染物和温室气体,可显著减少化石燃料消耗和化石燃料开采过程中的生态破坏,对自然环境条件改善和生态环境保护具有显著效果。

2020 年,地热能年利用总量相当于替代化石能源 7 000 万吨标准煤,相应减排二氧化碳1.7 亿吨,节能减排效果显著。

地热能开发利用可为经济转型和新型城镇化建设增加新的有生力量,同时也可推动地质勘查、建筑、水利、环境、公共设施管理等相关行业的发展,在增加就业、惠及民生方面也具有显著的社会效益。

【试一试】我国的地热能利用尚处于初始阶段。目前,随着节能技术的发展和推广,我国的部分地区开始推广地热供暖技术,查阅相关资料,总结地热供暖技术的优缺点。我国幅员辽阔,哪些地区更适合推广地热供暖技术?

6.4　海洋能

海洋能指蕴藏于海水中的各种可再生能源,海洋通过各种物理过程接收、储存和散发能量,这些能量主要包括潮汐能、波浪能、海流能、温差能和盐差能等。海洋能的利用是指通过一定的方法、设备把各种海洋能转换成电能或其他可利用形式的能。究其成因,潮汐能和海流能来源于太阳和月亮对地球的引力变化,其他种类的海洋能均源于太阳辐射。海洋能源按储存形式又可以分为机械能、热能和化学能。其中,潮汐能、海流能和波浪能为机械能,海水温差为热能,海水盐差为化学能。

海洋能具有如下特点。

（1）蕴藏量大。

（2）海洋具有可再生性。海洋能来源于太阳辐射能与天体间的万有引力,只要太阳、月球等天体与地球共存,这种能源就会再生,就会取之不尽,用之不竭。

（3）能流的分布不均匀、密度低。单位体积、单位面积、单位长度所拥有的能量较小。因此,要想得到大能量就得从大量的海水中获得。

（4）属于清洁能源。海洋能一旦开发后,其本身对环境影响很小。

我国有 1.8 万千米的海岸线,300 多万平方千米的管辖海域,海洋能源十分丰富,利用价值极高。大力发展海洋新能源,对于优化我国能源消费结构、支撑社会经济可持续发展具有重要意义。

6.4.1　潮汐能

潮汐能是指海水周期性涨落运动中所具有的能量。其水位差表现为势能,其潮流的速度表现为动能,这两种能量都可以利用,是一种可再生能源。由于在海水的各种运动中潮汐最具规律性,又涨落于岸边,也最早为人们所认识和利用,在各种海洋能的利用中,潮汐能的利用是最成熟的。

1. 潮汐发电的原理与技术

潮汐能利用的主要方式是发电。潮汐发电与普通水利发电原理类似,在涨潮时将海水储存在水库内,以势能的形式保存,然后,在落潮时放出海水,利用高、低潮位之间的落差,推动水轮机旋转,带动发电机发电（图 6-10）。与河水不同,积蓄的海水落差不大,但流量较大,并且呈间接性,从而潮汐发电的水轮机结构要适合低水头、大流量的特点。

世界上潮差的较大值约为 13~15 米,但一般说来,平均潮差在 3 米以上就有实际应用价值。潮汐发电是利用海湾、河口等有利地形,建筑水堤、形成水库,以便于大量蓄积海水,并在坝中或坝旁建造水利发电厂房,通过水轮发电机组进行发电。

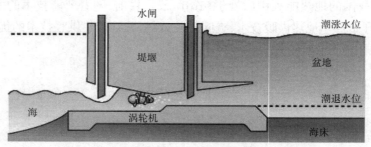

图 6-10　潮汐能发电原理图

潮汐发电按照运行方式和对设备要求的不同,可以分为单库单向型、单库双向型和双库自调节型三种。

(1)单库单向型潮汐电站。

用一个水库,仅在涨潮(或落潮)时发电,因此又称为单水库单向型潮汐电站。我国浙江省温岭市沙山潮汐电站就是这种类型。该电站始建于 1958 年,1959 年建成发电,1980 年并入县电网,是我国第一座小型潮汐电站。

(2)单库双向型潮汐电站(图 6-11)。

用一个水库,但在涨潮与落潮时均可发电,只是在水库内外水位相同的平潮时不能发电。我国广东省东莞市的镇口潮汐电站及浙江省温岭市江厦潮汐电站就是这种类型。

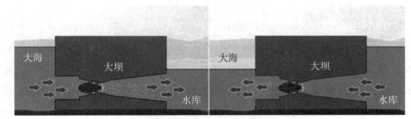

图 6-11　单库双向型潮汐电站

(3)双库自调节型潮汐电站(图 6-12)。

为了使潮汐电站能够全日连续发电就必须采用双水库的潮汐电站。它是用两个相邻的水库,使一个水库在涨潮时进水,另一个水库在落潮时放水,这样前一个水库的水位总比后一个水库的水位高,故前者成为上水库(高水位库),后者成为下水库(低水位库)。水轮发电机放在两水库之间的隔坝内,两个水库始终保持着水位差,故可以全天发电。考虑到水库的泥沙控制问题,可根据情况调整上水库和下水库,以保持水库中的泥沙量。

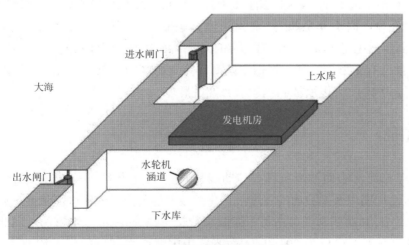

图 6-12　双库自调节型潮汐电站

潮汐发电有许多优点,如潮汐电站不需要淹没大量农田构成水库,不需要高筑水坝,不用燃料,不受一次能源价格的影响,而且运行费用低,是一种经济能源。

2. 潮汐能利用

由于常规电站廉价电费的竞争,建成投产的商业用潮汐电站不多。然而,由于潮汐能蕴藏量的巨大和潮汐发电的许多优点,人们还是非常重视对潮汐发电的研究。

据海洋学家计算,世界上潮汐能发电的资源量在 10 亿千瓦以上,也是一个天文数字。20 世纪初,欧、美一些国家开始研究潮汐发电。第一座具有商业实用价值的潮汐电站是 1967 年建成的法国郎斯电站。该电站位于法国圣马洛湾郎斯河口。郎斯河口最大潮差 13.4 米,平均潮差 8 米。郎斯潮汐电站机房中安装有 24 台双向涡轮发电机,涨潮、落潮都能发电。总装机容量 24 万千瓦,年发电量 5 亿多千瓦时,输入国家电网。1968 年,苏联在其北方摩尔曼斯克附近的基斯拉雅湾建成了一座 800 千瓦的试验潮汐电站。1980 年,加拿大在芬地湾兴建了一座 2 万千瓦的中间试验潮汐电站。

中国早在 20 世纪 50 年代就已开始利用潮汐能,在这一方面是世界上起步较早的国家。1956 年建成的福建省浚边潮汐水轮泵站就是以潮汐作为动力来扬水灌田的。到了 1958 年,潮汐电站便在全国遍地开花。据 1958 年 10 月召开的"全国第一次潮力发电会议"统计,已建成的潮汐电站就有 41 座,在建的还有 88 座。装机容量大到 144 千瓦,小到 5 千瓦。潮汐电站主要用于照明和带动小型农用设施。中国江厦潮汐实验电站位于我国浙江省乐清湾北端的江厦港,该电站是 1974 年在原"七一"塘围垦工程的基础上建造的,集发电、围垦造田、海水养殖和旅游业等各种功能于一体。该电站的特点是采用类似法国朗斯电站的双向发电的灯泡贯流式水轮发电机组。该站址最大潮差 8.39 米,平均潮差 5.1 米,原设计为 6 台 500 千瓦机组,有 6 个机坑,实际安装了 5 台机组,第一台为 500 千瓦,在 1980 年 5 月投入运行;第二台为 600 千瓦,其余 3 台为 700 千瓦,最后一台于 1986 年投入运行。总装机为 3 200 千瓦,为当时世界第三大潮汐电站。

我国潮汐能资源丰富,长达 18 000 多千米的大陆海岸线,北起鸭绿江口,南到北仑河口,加上 5 000 多个岛屿的 14 000 多千米海岸线,共约 32 000 多千米的海岸线中蕴藏着丰富的潮汐能资源。据不完全统计,全国潮汐能蕴藏量为 1.9 亿千瓦,其中可供开发的约 3 850 万千瓦,年发电量 870 亿千瓦时,大约相当于 40 多个新安江水电站。目前我国潮汐电站总装机容量已有 1 万多千瓦。根据中国海洋能资源区划结果,我国沿海潮汐能可开发的潮汐电站坝址为 424 个,以浙江和福建沿海数量最多。

6.4.2　波浪能

波浪能是指海洋表面波浪所具有的动能和势能(重力势能)。波浪的能量与波高的平方、波浪的运动周期以及迎波面的宽度成正比。波浪能是海洋能源中能量最不稳定的一种。台风导致的巨浪,其功率密度可达每米迎波面数千千瓦,而波浪能丰富的欧洲北海地区,其年平均波浪功率密度也仅为 20~40 千瓦/米。中国海岸大部分的年平均波浪功率密度为 2~7 千瓦/米。

　　我国的波浪能资源可观,近海海域波浪能的蕴含量约达 1.5 亿千瓦,可开发利用量约为 2 300~3 500 万千瓦。总的来说,北部少南部多。从地理位置看主要集中于广东、福建、山东附近海域,其次是江苏、辽宁、上海和河北。图 6-13 所示为中科院广州能源所安置在大万山的波浪能装置。

图 6-13　中科院广州能源所安置在大万山的波浪能装置

1. 波浪能转换的原理与技术

　　波浪能利用的主要方式是波浪发电,还可以用于抽水、供热、海水淡化以及制氢等。波浪能利用装置的种类繁多,但这些装置大部源于几种基本原理,即利用物体在波浪作用下的振荡和摇摆运动;利用波浪压力的变化;利用波浪的沿岸爬升将波浪能转换成水的势能等。经过 20 世纪 70 年代对多种波能装置进行的实验室研究和 20 世纪 80 年代进行的海况试验及应用示范研究,波浪发电技术已逐步接近实用化水平,研究的重点也集中于 3 种被认为是有商品化价值的装置,包括振荡水柱式装置、摆式装置和聚波水库式装置。

　　1)振荡水柱波能装置

　　世界上大多数的波能电站都是振荡水柱式的。振荡水柱波能装置可分为漂浮式和固定式两种。目前已建成的振荡水柱波能装置都利用空气作为转换的介质。气室的下部开口在水下与海水连通,气室的上部也开口(喷嘴),与大气连通。在波浪力的作用下,气室下部的水柱在气室内作强迫振动,压缩气室的空气往复通过喷嘴,将波浪能转换成空气的压能和动能。在喷嘴安装一个空气透平并将透平转轴与发电机相连,则可利用压缩气流驱动透平旋转并带动发电机发电。振荡水柱波能装置的优点是转动机构不与海水接触,防腐性能好,安全可靠,维护方便。其缺点是二级能量转换效率较低。

　　2)摆式波能装置

　　摆式波能装置也可分为漂浮式和固定式两种。在波浪的作用下,摆体作前后或上下摆动,将波浪能转换成摆轴的动能。与摆轴相连的通常是液压装置,它将摆的动能转换成液力泵的动能,再带动发电机发电。摆体的运动很适合波浪大推力和低频的特性。因此,摆式装置的转换效率较高,但机械和液压机构的维护较为困难。摆式装置的另一优点是可以方便地与相位控制技术相结合。相位控制技术可以使波能装置吸收到装置迎波宽度以外的波浪能,从而大大提高装置的效率。

3)聚波水库波能装置

聚波水库装置利用喇叭形的收缩波道。波道与海连通的一面开口宽,然后逐渐收缩通至储水库。波浪在逐渐变窄的波道中,波高被不断地放大,直至波峰溢过边墙,将波浪能转换成势能储存在储水库中。收缩波道具有聚波器和转能器的双重作用。水库与外海间的水头落差可达 3~8 米,利用水轮发电机组可以发电。聚波水库装置的优点是一级转换没有活动部件,可靠性好,维护费用低,系统出力稳定。不足之处是电站建造对地形有要求,不易推广。

2. 波浪能的利用

大规模波浪能发电的成本还难以与常规能源发电竞争,但特殊用途的小功率波浪能发电已在导航灯浮标、灯桩、灯塔等上获得推广应用。在边远海岛,小型波浪能发电已可与柴油发电机组发电竞争。今后应进一步研究新型装置,以提高波浪能转换效率;研究聚波技术,以提高波浪能密度,缩小装置尺寸,降低造价;研究在离大陆较远、波浪能丰富的海域利用工厂船就地发电、就地生产能量密集的产品,如电解海水制氢、氨及电解制铝、提铀等,以提高波浪能发电的经济性。预计随着化石能源资源的日趋枯竭和技术的进步,波浪能发电将在波浪能丰富的国家逐步占有一定的地位。

中国也是世界上主要的波浪能研究开发国家之一,从 20 世纪 80 年代初开始,主要对固定式和漂浮式振荡水柱波能装置以及摆式波能装置等进行研究。1985 年,中国科学院广州能源研究所成功开发利用对称翼透平的航标灯用波浪发电装置。经过十多年的发展,已有60 瓦至 450 瓦的多种型号产品问世并进行了多次改进,目前已批量生产并在中国沿海使用,此外还出口到日本等国家。"七五"期间,由该所牵头,在珠海市大万山岛研建了一座波浪电站并于 1990 年试发电成功,该电站装机容量 3 千瓦,对称翼透平直径 0.8 米。"八五"期间,由中国科学院广州能源研究所和国家海洋局天津海洋技术所分别研建了 20 千瓦岸式电站、5 千瓦后弯管漂浮式波力发电装置和 8 千瓦摆式波浪电站,均试发电成功。

我国首座岸式波力发电站于 2000 年在汕尾建成,2001 年 2 月进入试发电,最大发电功率 100 千瓦并通过输电线路并入 100 千伏的电网。该电站具有多种自动化保护功能,所有的保护功能均在计算机控制下自动执行,大大地减少了人工干预,使波浪能发电技术接近实用化,具有良好的社会效益和环境效益。同时,由天津国家海洋局海洋技术所研建的 100 千瓦摆式波力电站已在青岛运行成功。

6.4.3　海流能

海流能是指海水流动的动能,主要是指海底水道和海峡中由于潮汐导致的有规律的海水流动而产生的能量。海流能的能量与流速的平方和流量成正比。一般来说,最大流速在

2 米/秒以上的水道,其海流能均有实际开发的价值。全世界海流能的理论估计值为 10^8 千瓦量级。

1. 海流能成因

风力和海水密度不同是产生海流的主要原因。首先,海面上常年吹着方向不变的风,如赤道南侧常年吹着东南风,而北侧是东北风。风吹动海水使水表面运动起来,而水的黏性使这种运动传到海水深处。随着深度增加,海水流速降低,有时流动方向也会逐渐改变,甚至出现下层海水与表层海水流动方向相反的情况。在太平洋和大西洋的南北两半部以及印度洋的南半部,占主导地位的风系造成了一个广阔的、按逆时针方向旋转的海水环流。在低纬度和中纬度海域,风是形成海流的主要动力。这种由定向风持续地吹拂海面所引起的海流称为风海流。其次,不同海域的海水温度和含盐度常常不同,它们会影响海水的密度。海水温度越高,含盐量越低,海水密度就越小,两个邻近海域海水密度不同也会造成海水环流。这种由于海水密度不同所产生的海流称为密度流。归根结底,这两种海流的能量都来源于太阳的辐射能。

2. 我国海流能资源分布

中国海域辽阔,既有风海流,又有密度流;有沿岸海流,也有深海海流。这些海流的流速多在每小时 0.5 海里,流量变化不大,而且流向比较稳定。若以平均流量每秒 100 立方米计算,中国近海和沿岸海流的能量就可达到 1 亿千瓦以上,其中以台湾海峡和南海的海流能量最为丰富。

利用中国沿海 130 个水道、航门的各种观测及分析资料,计算统计获得中国沿海海流能的年平均功率理论值约为 1.4×10^7 千瓦。其中辽宁、山东、浙江、福建和台湾沿海的海流能较为丰富,不少水道的能量密度为 15~30 千瓦/米^2,具有极高的开发价值。值得指出的是,中国属于世界上海流能功率密度最大的地区之一,特别是浙江的舟山群岛的金塘、龟山和西候门水道,平均功率密度在 20 千瓦/米^2 以上,开发环境和条件很好。

3. 海流能利用

1)发电

海流能的利用方式主要是发电。1973 年,美国试验了一种名为"科里奥利斯"的巨型海流发电装置。该装置为管道式水轮发电机,机组长 110 米,管道口直径 170 米,安装在海面下 30 米处。在海流流速为 2.3 米/秒条件下,该装置获得 8.3 万千瓦的功率。日本、加拿大也在大力研究试验海流发电技术。我国的海流发电研究也已经有样机进入中间试验阶段。海流发电技术,除上述类似江河电站管道导流的水轮机外还有类似风车桨叶或风速计那样机械原理的装置。其中一种海流发电站,有许多转轮成串地安装在两个固定的浮体之间,在海流冲击下呈半环状张开,被称为花环式海流发电站。另外,前面提到的水轮机潮流发电船也能用于海流发电。

海流发电装置主要有轮叶式、降落伞式和磁流式几种。轮叶式海流发电装置利用海流推动轮叶,轮叶带动发电机发出电流。轮叶可以是螺旋桨式的,也可以是转轮式的。降落伞式海流发电装置由几十个串联在环形铰链绳上的"降落伞"组成。顺海流方向的"降落伞"靠海流的力量撑开,逆海流方向的降落伞靠海流的力量收拢,"降落伞"顺序张合,往复运动,带动铰链绳继而带动船上的铰盘转动,铰盘带动发电机发电。磁流式海流发电装置以海水作为工作介质,让有大量离子的海水垂直通过强大磁场,获得电流。海流发电的开发史还不长,发电装置还处在原理性研究和小型试验阶段。

2)助航

利用海流助航就是人们常说的"顺水推舟"。18世纪时,美国政治家兼科学家富兰克林曾绘制了一幅墨西哥湾流图。该图特别详细地描绘了北大西洋海流的流速流向,供来往于北美和西欧的帆船使用,大大缩短了横渡北大西洋的时间。现代人造卫星遥感技术可以随时测定各海区的海流数据,为大洋上的轮船提供最佳航线导航服务。

6.4.4 温差能

温差能是指海洋表层海水和深层海水之间水温之差的热能。海洋的表面把太阳的辐射能的大部分转化成为热水并储存在海洋的上层。另一方面,接近冰点的海水大面积地在不到1 000米的深度从极地缓慢地流向赤道。这样,就在许多热带或亚热带海域终年形成20摄氏度以上的垂直海水温差,利用这一温差可以实现热力循环发电。

全世界海洋温差能的理论估算值为10千瓦量级。根据中国海洋水温测量资料计算得到的中国海域的温差能约为1.5×10^8千瓦,其中99%在南海。南海的表层水温年均在26摄氏度以上,深层水温(800米深处)常年保持在5摄氏度,温差为21摄氏度,属于温差能丰富区域。

1. 海洋温差的转换原理

温差能的开发以综合利用为主。除了发电之外,海洋温差能利用装置还可以同时获得淡水、深层海水,进行空调并可以与深海采矿系统相结合。因此,基于温差能装置可以建立海上独立生存空间并作为海上发电厂、海水淡化厂或海洋采矿、海上城市或海洋牧场的支持系统。

海洋温差能转换主要有开式循环和闭式循环两种方式。

1)开式循环发电系统

开式循环系统主要包括真空泵、温水泵、冷水泵、闪蒸器、冷凝器、汽轮发电机组等部分。真空泵先将系统内抽到一定的真空,接着启动温水泵把表层的温水抽入闪蒸器,由于系统内已保持有一定的真空度,所以温海水就在闪蒸器内沸腾蒸发,变为蒸汽。蒸汽经管道由喷嘴喷出推动汽轮机运转,带动发电机发电。从汽轮机排出的低压蒸汽进入冷凝器,被由冷水泵从深层海水中抽上的冷海水所冷却,重新凝结为水,并排入海中。在此系统中,作为工作介质的海水由泵吸入闪蒸器蒸发,推动汽轮机做功,经冷凝器冷凝后直排入海,故称此工作方式的系统为开式循环系统,如图6-14所示。

在开式循环系统中,用海水做工作流体和介质,闪蒸器和冷凝器之间的压差非常小。因此,必须充分注意管道等的压力损耗且使用的透平尺寸较大。开式循环的副产品是经冷凝器排出的淡水,这是它的有利之处。

2)闭式循环发电系统

闭式循环系统不采用海水而是用一些低沸点的物质(如丙烷、氟利昂、氨等)作为工作介质,在闭合回路内反复进行蒸发、膨胀、冷凝,如图 6-15 所示。由于系统使用低沸点的工作介质,蒸汽的工作压力得到提高。

闭式循环与开式循环的系统组件及工作方式均有所不同,开式系统中的闪蒸器改为闭式系统中的蒸发器。当温水泵将表层海水抽上送往蒸发器时,海水自身并不蒸发;而是通过蒸发器内的盘管把部分热量传递给低沸点的工作流体,如氨水。温水的温度降低,氨水的温度升高并开始沸腾变为氨气。氨气经过汽轮机的叶片通道,膨胀做功,推动汽轮机旋转。汽轮机排出的氨气进入冷凝器、在冷凝器内由冷水泵抽上的深层冷海水冷却后重新变为液态氨,再用氨泵(工质泵)把冷凝器中的液态氨重新压进蒸发器,以供循环使用。

闭式循环系统由于使用低沸点工质,可以大大减小装置(特别是汽轮机组)的尺寸。但使用低沸点工质会对环境产生污染。

另外,还有一种混合循环发电系统。该系统基本与闭式循环相同,使用温海水闪蒸出来的低压蒸汽来加热低沸点工质。这样做的好处在于减少了蒸发器的体积,可节省材料,便于维护。

温差能利用的最大困难是温差太小,能量密度太低。温差能转换的关键是强化传热、传质技术。同时,温差能系统的综合利用还是一个多学科交叉的系统工程问题。

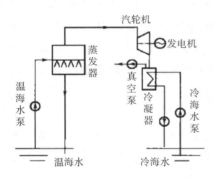

图 6-14　开式循环发电系统

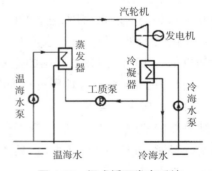

图 6-15　闭式循环发电系统

2. 温差能利用

海洋温差发电的概念是在 1880 年由法国人 J. 达森瓦尔(J. Darsonval)提出的。1926年,他的学生 G. 克劳德(G. Claude)首次进行了海洋温差能利用的实验室原理试验并于1926 年 6 月在古巴坦萨斯海湾沿海建成了一座开式循环发电装置,输出功率 22 千瓦。美国于 1979 年在夏威夷沿海建造了第一座 Mini-OTEC50kW(OTEC,指海洋热能转换)试验性海洋温差能转换电站,净功率达 15 千瓦,这是人类首次通过海洋温差能来得到有实用价值的电能。1993 年,在夏威夷建成了 210 千瓦的开式循环系统。

1981 年,日本电力公司在瑙鲁共和国建造了一座全岸基的闭式循环电站并投入运行。1982 年,在日本国内建成了鹿儿岛县的德之岛 50 千瓦的温差试验电站。1994 年,建成新型闭式循环的 9 千瓦试验设施。印度政府将海洋温差能作为未来的重要能源之一进行开发,

1997年,印度国家海洋技术研究所与日本佐贺大学签订协议,共同进行印度洋海洋温差发电的开发,并准备在印度国内投资建立商业化的OTEC系统。1999年,在印度东南部海上运转成功了世界上第一套1兆瓦海洋温差发电实验装置。

1985年,中国科学院广州能源研究所开始对温差利用中的一种雾滴提升循环方法进行研究。这种方法的原理是利用表层和深层海水之间的温差所产生的焓降来提高海水的位能。据计算,温度从20摄氏度降到7摄氏度时,海水所释放的热能可将海水提升到125米的高度,然后再利用水轮机发电。该方法可以大大减小系统的尺寸,并提高温差能量密度。1989年,该所在实验室实现了将雾滴提升到21米的高度记录。同时,该所还对开式循环过程进行了实验室研究,建造了两座容量分别为10瓦和60瓦的试验台。

在海洋温差发电的未来研究中,主要研究方向有:重点研究低温差热力循环过程,解决小温差下热力循环效率低的问题;在技术项目方面,考虑与南海各岛屿开发与建设相结合,综合海水淡化、养殖、海水空调等技术,建设温差发电综合利用示范系统。

6.4.5　盐差能

盐差能是指海水和淡水之间或两种含盐浓度不同的海水之间的化学电位差能,主要存在于河海交界处。同时,淡水丰富地区的盐湖和地下盐矿也存在盐差能。盐差能是海洋能中能量密度最大的一种可再生能源。通常,海水(3.5%盐度)和河水之间的化学电位差相当于240米水头差的能量密度,这种位差可以利用半渗透膜(水能通过,盐不能通过)在盐水和淡水交接处实现。利用这一水位差就可以直接由水轮发电机发电。全世界海洋盐差能的理论估算值为10千瓦量级,我国的盐差能估计为1.1×10^8千瓦,主要集中在各大江河的出海处。同时,我国青海省等地还有不少内陆盐湖可以利用。

1. 盐差的转换原理

盐差能的利用主要是发电。其基本方式是将不同盐浓度的海水之间的化学电位差能转换成水的势能,再利用水轮机发电,具体有渗透压式、蒸汽压式和机协化学式等,其中渗透压式方案最受重视。

将一层半透膜放在不同盐度的两种海水之间,通过这个膜会产生一个压力梯度,迫使水从盐度低的一侧通过膜向盐度高的一侧渗透,从而稀释高盐度的水,直到膜两侧水的盐度相等为止。

1)水压塔渗透压系统

水压塔渗透压系统主要由水压塔、半透膜、海水泵、水轮机、发电机组等组成(图6-16)。其中水压塔与淡水之间由半透膜隔开,而塔与海水之间通过水泵连通。系统的工作过程如下:先由海水泵向水压塔内充入海水,同时由于渗透压的作用,淡水从半透膜向水压塔内渗透,使水压塔内水位上升。当塔内水位上升到一定高度后,便从塔顶的水槽溢出,冲击水轮机旋转,带动发电机发电。为了使水压塔内的海水保持一定的盐度,必须用海水泵不断向塔内打入海水,以实现系统连续工作,扣除海水泵等的动力消耗,系统的总效率约为20%。

2)强力渗压系统

强力渗压系统(图 6-17)的能量转换方法是在河水与海水之间建两座水坝分别称为前坝和后坝。在两水坝之间挖一低于海平面约 200 米的水库。前坝内安装水轮发电机组,使河水与低水库相连,而后坝底部则安装半透膜渗流器,使低水库与海水相通。系统的工作过程为:当河水通过水轮机流入低水库时,冲击水轮机旋转并带动发电机发电。同时,低水库的水通过半透膜流入海中,以保持低水库与河水之间的水位差。理论上这一水位差可以达到 240 米。但实际上要在比此压差小很多时,才能使淡水顺利地通过透水而不透盐的半透膜直接排到海中。此外,薄膜必须用大量海水不断地冲洗才能将渗透过薄膜的淡水带走,以保持膜在海水侧的水的盐度,使发电过程可以连续。

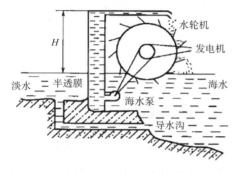

图 6-16　水压塔渗透压系统

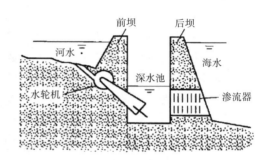

图 6-17　强力渗压系统

2. 盐差能的利用

盐差能的研究以美国、以色列的研究为先,中国、瑞典和日本等也开展了一些研究。但总体上,盐差能研究还处于实验室试验水平,离示范应用还有较长的路程。

20 世纪 70 至 80 年代,以色列和美国的科学家对水压塔和强力渗透系统均进行了试验研究,中国西安冶金建筑学院也于 1985 年对水压塔系统进行了试验研究。上水箱高出渗透器约 10 米,用 30 千克干盐可以工作 8~14 小时,发电功率为 0.9~1.2 瓦。

盐差能开发的技术关键是膜技术。除非半透膜的渗透流量能在目前水平的基础再提高一个数量级,并且海水可以不经预处理,否则盐差能利用还难以实现商业化。

【试一试】我国东部临海,海岛众多,有着丰富的海洋能资源。海洋能是否有可能成为我国的主要能源供给途径? 为什么?

第 7 章　能源互联网

【**知识目标**】

1. 了解并掌握能源互联网的定义、特征和基本架构。

2. 了解能源互联网的战略意义。

3. 了解能源互联网对能源生产与消费模式的影响。

4. 了解能源互联网的技术框架和能源互联网的关键技术。

5. 了解我国能源互联网的发展目标、重点任务和相关技术的发展情况。

【**能力目标**】

1. 能够描述能源互联网对未来社会的重要影响和改变。

2. 能够解释电气设备上的能效比等参数的含义。

3. 能够描述能源互联网的核心设备的核心技术要点。

4. 能够根据我国的能源互联网发展规划,来描绘您生活环境的变化。

能源是国民经济和社会发展的重要基础。为了保障国家能源安全,应对能源危机,各国积极研究新能源技术,特别是太阳能、风能、生物能等可再生能源。可再生能源存在一些典型的特点,如地理上分散、生产连续性差、随机性、波动性和不可控等,在大规模利用可再生能源时,不能匹配传统电力网络的集中统一的管理方式。对于可再生能源的有效利用方式是分布式的"就地收集、就地存储、就地使用",但分布式发电并网并不能从根本上改变分布式发电在高渗透率情况下对上一级电网电能质量、故障检测、故障隔离等的影响。只有实现可再生能源发电信息的共享,以信息流控制能量流,实现可再生能源所发电能的高效传输与共享,才能解决可再生能源不稳定的问题,实现可再生能源的真正有效利用。

能源互联网可以最大限度地适应新能源的接入,它是以互联网理念构建的新型信息能源融合"广域网",它以大电网为"主干网",以微网、分布式能源、智能小区等为"局域网"开发对等的信息‐能源一体化架构,真正实现能源的双向按需传输和动态平衡使用。

7.1　能源互联网概述

在能源互联网中,能量可在电能、化学能、热能等多种形式间互相转化,而电力系统是各类能源转换的枢纽,将承担核心的能量转换作用。能源互联网是"互联网＋"在能源领域的一次应用,将推动能源网络的升级换代。

7.1.1　能源互联网的定义和特征

1. 能源互联网定义

"能源互联网"这一概念最早是由美国经济学家杰里米·里夫金在《第三次工业革命》一书中提出的。里夫金认为可以通过互联网技术与可再生能源相融合,将全球的电力网变为能源共享网络,使亿万人能够在家中、办公室、工厂生产可再生能源并与他人分享。这个共享网络的工作原理类似互联网,分散型可再生能源可以跨越国界自由流动,正如信息在互联网上自由流动一样,每个自行发电者都将成为遍布整个大陆的没有界限的绿色电力网络中的节点。

国际电工委员会从智能电网建设的驱动力和本质属性出发,站在未来能源转型、能源发展战略和发展路径、自热环境与人类社会发展的高度,已经对未来智能电网的内涵和外延做了丰富和发展。2011 年 10 月,国际电工委员会在墨尔本会议上决定把以电力系统智能化为基础的网架定义为智能电网的 1.0 版;把以多种能源网络智能化为基础的多能源网架定义为智能电网的 2.0 版;把实现能源网络、社会网络、信息网络、环境网络及自然网络的整体融合定义为智能电网的 3.0 版。

国内外学者认为能源互联网是以电力系统为核心,以智能电网为基础,以接入分布式可再生能源为主,采用先进信息和通信技术及电力电子技术,通过分布式智能能量管理系统,对分布式能源设备实施广域协调控制,实现冷、热、气、水、电等多种能源互补,提高能效的智慧能源系统。

智能电网是能源互联网的基础,能源互联网是智能电网的丰富和发展,从系统科学角度来说,能源互联网与智能电网,都是要通过能源互联、信息互联、能量信息融合、能量高效转化、集成能量及信息架构来建设的复杂交互式网络与系统。能源互联网示意图如图 7-1 所示。

图 7-1　能源互联网示意图

2. 能源互联网特征

基于能源互联网的定义,其具有如下主要特征。

1）可再生能源高渗透率

能源互联网中的能量供给主要是清洁的可再生能源。

2）非线性随机特性

能源互联网中能量来源和能量使用的复杂性使其呈现出非线性的随机特性。能量来源主要是分布式可再生能源，与传统能源相比，其不确定性和不可控性大；能量使用侧用户负荷、运行模式等都会实时变化。

3）多元大数据特性

能源互联网工作在由类型多样、数量庞大的数据组成的高度信息化环境中。这些数据既包括发、输、配、用电的电量相关数据，也包括温度、压力、湿度等非用电数据。

4）多尺度动态特性

能源互联网是能量、物质和信息高度耦合的复杂系统，而这些系统对应的动态特性尺度各不相同。同时能源互联网按层次从上而下分为主干网、广域网、局域网三层，每一层的工作环境和功能特点均不相同，这也造成每一层的动态特性尺度差别巨大。

7.1.2　能源互联网架构

根据工业和信息化部开展的能源互联网发展战略课题研究，能源互联网基本架构可以划分为四层、三体系的"4+3"架构，即由能源层、信息通信层、控制（管理）层和应用层构成的层次架构（图7-2），以及安全保障体系、运行维护体系、标准体系构成保障体系。

1. 能源层

能源层是能源生产、分发、输送及应用的物理实体层，这类物理实体是智能实体，与传统的物理实体具有较大差别，应具有自身信息采集、接收和控制等功能，是物联网与现有能源设施的融合体。它主要包括能源基础设施、能量路由器、能源传输设施和能源终端四个主要部分。

（1）能源基础设施包括能源生产设施及能源储存设施，能源生产设施还可以分为分布式能源生产设施和集中式能源生产设施。

（2）能量路由器可以实现能源的按需分发，是实现能源互联的核心设施。

（3）能源传输设施将能源输送到能源终端。

（4）能源终端是能源的最终消费体。

2. 信息通信层

信息通信层采集并存储能源层总各设施的状态信息，并向其传送控制层的控制信息，是能源层与控制层的信息传输、存储通道。信息通信层还可以包含信息平台（云计算中心）。

3. 控制（管理）层

控制（管理）层接收、存储能源层的信息，经分析处理，向能源层发出控制信息，以保障系统的稳定、有序进行。

4. 应用层

应用层是在上述三层的基础上，通过各类数据的分析处理产生的各类商业应用，是能源互联网价值的外在表现。

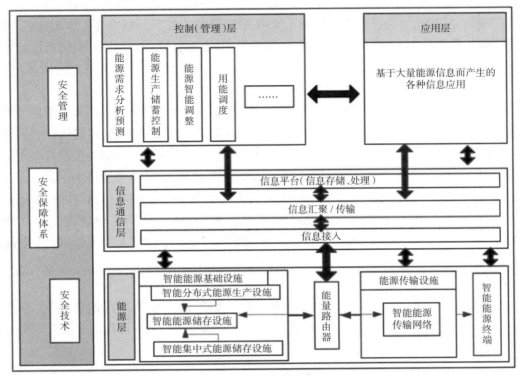

图 7-2　能源互联网架构

7.1.3　能源互联网的发展目标

能源互联网的发展目标是在一个相当长的时期内基本建成能源基础设施与信息技术深度融合、开发对等的信息能源一体化平台及泛在、融合、智能、低碳的能源互联网络,并形成与之相适应的以可再生能源为重点的分布式能源供应与消费系统。具体来说,能源互联网建设要实现以下目标。

1. 可再生能源供应与消费比重大幅度提升

通过建设区域性微网,连接在地理上具有分散性、随机性、波动性和不可控的多元化可再生能源的生产端及消费端,最大限度地适应分布式可再生能源的接入。通过大规模建设分布式可再生能源生产和存储基础设施加强区域协调,实现可再生能源的就地收集、就地存储、就地使用,有效降低能源传输损耗,基本解决弃风、弃光等问题。完善针对可再生能源差异化价格补贴机制,鼓励可再生能源的生产和消费,基本实现可再生能源生产成本与化石能源相当,使可再生能源占一次能源比重逐年提升,有力支撑国家应对气候战略、环境可持续发展战略和国家能源安全战略,从而有力推动能源生产革命。

2. 各类市场主体无差别可靠接入

电力体制改革取得重大进展,构建平台开发、信息透明、公平竞争、诚信守则、创新活跃的市场环境;在能源互联网关键技术及与之匹配的能源基础设施的建设上取得重大突破,包括分布式清洁能源生产、存储技术,大规模间歇式能源并网技术,能量路由器技术;能源大数据的智能信息挖掘、处理技术等的研究及应用日臻成熟,为能源互联网各主体无差别、可靠的接入提供重要支撑;初步形成创新驱动、服务导向、应用引导、协同发展、安全可控的能源互联网发展格局,从而有力推动能源消费革命。

3. 能源及信息交互共享平台成熟运营

建立能源生产和消费的预测、监测与精准调控体系,基本实现能源生产和消费信息的实时收集和汇总、趋势预判调节,提供利益最大化的能源供应和消费策略,实现泛在的智能监管、资源科学调配、安全管理、有效集成;在本地用户之间直接或通过储能装置进行电能交换的基础上,逐步扩展为区域乃至全局性的能源资源共享体系,使能源按照市场化运行。设立全国性及区域性的电能现货及期货交易中心,提供与能源相关的交易、传输、存储、金融及信息等服务,通过市场化实现能量的高效配置,起到能源的战略储备、调节物价、组织生产和套期保值四大基本功能,推动能源的全局共享和存储资源的最大化利用,实现能源的高效配置和动态平衡。

4. 能源互联网产业体系全面构建

在分布式清洁能源的研究及应用方面取得重大突破,涵盖能源生产、消费、交易、服务的能源互联网标准体系初步完善,初步形成门类齐全、布局合理、结构优化的能源互联网产业体系,从而有力推动能源技术革命。

7.1.4　能源互联网对我国能源战略的意义

能源互联网建设对我国能源具有重要战略意义,具体如下。

1. 实现供能方式多样化,优化能源结构

近年来,能源、环境的压力和发展难度日益增大。与此同时,我国太阳能、风能发电装机容量持续增加,成本逐渐下降,可再生能源利用的边际成本逐步递减,未来利用成本将更低廉,具有更好的经济效益。发展能源互联网可使我国突破化石能源制约,优化能源结构,实现节能减排的目标。

2. 促进能源自给自足,保障能源安全

经过了几十年以环境与资源为代价的粗犷式发展,能源安全已经成为我们不得不思考的问题。我国能源安全问题大致可以分为两个方面:一是我国化石能源对外依存度过高。2017 年,我国原油对外依存度升至 65.4%,国际能源署预测,我国原油对外依存度在 2040 年可达到 80%,一旦国际原油供应出现动荡,将对我国经济等产生重大影响;二是电网安全问题,它是国家安全的重要组成部分,是一个在世界范围内都存在的问题。而可再生能源和信息技术的融合将从根本上变革传统的能源生产与消费方式,有希望更好地解决能源安全的问题。从电力网络和设施安全来讲,能源互联网的实时感知、远程监测、预测性维护能力更强,能够更好地保证电网和电力设施安全。

3. 提高能源配置效率,实现资源高效配置

能源互联网的信息透明及信息对称有利于实现发电端清洁能源与传统化石能源的协同发电,使清洁能源和电网优化协同,使更多清洁能源能够介入电网,减少弃水、弃风、弃光现象的发生。同时,能源互联网也可实现供需对接,统筹能源基地和电网建设,减少或消除窝电、缺电、负荷不均衡、轻载损耗等现象,促进供需平衡。

4. 重塑能源价格机制,恢复能源的商品属性

当前的能源价格管制扭曲了能源价格水平及不同能源品种之间的比价关系,无法实现对优质资源的高效、合理配置。能源体制改革就是还原能源商品属性,发挥失常资源配置的作用,通过能源交易平台打破信息不对称现象,实现能源供应和需求对接,做到余量上网、自由交易、市场定价,从而开放市场。

5. 奠定新工业革命的基石

每一次工业革命都与能源变革密不可分,可以说能源革命是工业革命的基石。第一次工业命中蒸汽机的发明实现了煤炭的大规模利用,第二次工业革命的标志是电力的广泛应用。当前正是新型的信息和通信技术与能源体系交会之际,正是经济革命发生之时。我国工业能源消费占总能源消费的 70%,能源互联网可以使工业企业通过能源交易平台降低能源成本,从而降低生产成本。

7.1.5　能源互联网对能源生产与消费模式的影响

1. 基于大数据分析、机器学习、认知计算技术提高可再生发电预测准确度和电网调节能力

能源互联网基于大数据分析、机器学习、认知计算技术,一方面能极大地提高风能、太阳能等可再生能源发电能力预测的准确性,降低调峰电源或储能设备容量,提供经济性,降低并网调度难度;另一方面电网能够进行智能分析、预警和决策,实现智能调度,使电网运行调度更加灵活、高效。从而使能源结构从化石能源为主转变为化石能源与可再生能源并存。

2. 能源生产模式由传统的大规模集中式供能向集中式与分布式并存发展

能源生产从集中到分布需要将单向通信变为双向通信,在这个过程中,能源互联网将扮演重要角色。一方面,对于集中式发电来说,当前电厂规划与电网规划各自独立,存在能源、信息不对称的问题。能源互联网可以解决信息不对称问题,有利于统筹规划能源基地和电网建设,实现发电端清洁能源与传统能源的协同发电,使清洁能源和电网优化协同发展。另一方面,能源互联网通过局域自治消纳和广域对等互联最大限度地适应可再生能源接入的动态特性,通过分散协同的管理和调度实现动态平衡。对于分布式发电来说,能源互联网有助于促进分布式能源就近发电、就近利用、就地平衡,减少能源传输损耗,对传统电网远距离供电形成有效补充。

3. 能源互联网实现智能终端开发和接入,终端用户从单纯的能源消费者向生产与消费一体化转变

随着能源互联网的发展,分布式电源、微网、燃气管网、冷库、热力网、冷热联供机组、电

动汽车、电转气、电转气储能装置、可控负荷、智能建筑将大量出现，能量的流动方向由单向向"双向互动、互联"转换。相对于传统负荷它们具有更多的智能特性，不但可以受控，还可以主动提供能量。能源整体控制过程可以作为局部的"虚拟发电厂"参与能源调度控制。这将带来两个转变：一方面是终端用户转变将导致供电业务模型的彻底变革。电网规划、调度、运行控制将最终走向消费端；另一方面能源互联网不再是封闭的电力系统，而是引入人工智能、智慧设计、电动启程能量管理等多种产业主题和智能系统的开放体系与平台，具有更大的想象空间和创新的商业模式。

4. 第三方服务平台出现，改变能源产业格局，创造巨大产业空间

消费者将转变为既是能源消费者又是能源生产者。这将产生成千上万的买家和卖家、开发商和使用者，以及各种各样的能源形式，这必然会带来一个复杂的市场体系。在这个庞大的市场中，将产生新的产业主题，如能源虚拟运营商、区域能源运营商、第三方能源交易平台、能源客户终端开发者等。能源互联网在新增产业主题的同时，将彻底改变产业链结构。在当前以电网为中心统购统销的产业链基础上，增加供需直购、虚拟交易等多种方式。产业链结构变化将随价值环节的转移，新主体将从传统垄断企业中转移一部分利益，这部分利益将通过市场化方式转移给用户，让利于民。

5. 能源交易从电网统购统销变为统购统销与供需直接交易并存

当前电力交易的模式是电网统购统销。发电企业将电量卖给电网，电网将电量卖给用户，这之间的价格体系完全封闭。这样价格模式，一方面不利于调节峰谷差，导致电能利用效率不高，旋转备用容量过大，能源浪费严重；另一方面造成部分用电需求被抑制。能源互联网将通过电力交易平台，解决当前供需不匹配情况，通过公开交易价格、用能信息、发电信息等，实现供需有效对接，解决窝电和缺电并存现象，这种开发体系能够促进市场化价格机制的建立。如发电企业可以降低出售当前过量的电能，用电方也能够以更便宜的价格满足自身需求。

【试一试】互联网自诞生以来，就在不断改变着我们这个社会，比较明确的变化是让我们的生活更加方便快捷，如淘宝和京东等电子商务网站的出现，就是互联网与商业活动的有机结合，即"互联网＋商业活动"。请阐述"能源互联网"与"互联网＋能源"的区别。

7.2　能源互联网的技术框架和关键技术

能源互联网目前没有确定的形式，各个国家、不同研究机构对能源互联网的设计都是从各自的国情出发，考虑各自的能源需求背景，以解决某一个具体问题或者针对某些特定区域、特定目标而提出的，并不是单纯为了"能源互联网"这个概念而设计的。但综合来看，这些设计还是有很多重叠、交叉和共性的内容。能源互联网是一个开放式的概念，也是一个不断丰富和发展的概念，还是人们对于未来能源网络发展方向和前景构想的集合。

7.2.1　能源互联网技术框架

能源互联网能够解决能源网络中的不同问题、满足能源网络参与者的不同需求等,其整体技术框架可以分为能源基础设施、信息和通信技术、开放互动平台和架构四部分。能源基础设施是指直接参与能源生产、传输、转换、使用等过程的装备;信息和通信技术则是指通过信息物理系统附着在能源基础设施之上的提供能源监控、管理、优化、交易等一些功能的技术集合;开放互动平台与信息和通信技术有一定的关联,主要指区域性、覆盖面较广的枢纽系统,为了某一个特定目的实现能源网络不同参与者的相互对接,以解决信息不对称条件下的能源教育与竞争问题;架构是组建能源互联网所依据的"总设计图",它对以上这些技术的集成和部署有指导性的作用。

1. 能源基础设施

在能源生产、传输、转换和使用过程中,能源互联网应在节能、环保及提高能效的基本前提下,实现对可再生能源的充分接入和就地消纳;增加能源网络的灵活性和可靠性,提高自愈性和容灾性;提供多样化的能源消费方案,使得多种能源形式能够互相转化和互补。为了应对和解决这些要求,能源互联网建设需要大量新型的能源基础设施提供支撑,这些基础设施具有较高的数字化、信息化、自动化、互动化、智能化水平。

(1)在能源生产环节,各类新型的分布式能源生产设备将成为能源互联网的重要组件。

(2)在能源传输和转换环节,以电力电子技术为基础的能源传输接口将成为未来能源设备和能源网络相连的主要形式之一。能量路由器作为其中重要代表,主要用以解决能量的精确分配问题。此外,各类能源转化技术将实现多能源网络的联网,而微网技术将在分布式能源设施和能量路由器等技术的支持下,构造集中-分布式两级的未来能源网络结构。同时,储能设备也将是未来能源网络运行不可或缺的一部分,是提高能源网络灵活性的重要组成。能源传输和转换环节的基础设施还包括大容量能量输送设备、主动配电网设备等。

(3)在能源使用环节,以新能源汽车为代表的新型用能设备将改变消费者的能源消费模式;各类能源梯级利用技术的科学配置也能显著提高能源的使用效率。

2. 信息和通信技术

能源互联网基础设施只是提供了基本的物质条件,要使得整个能源网络高效运行、良性互动,更主要的还是依赖基于信息与通信技术的支持。由此来看,能源互联网将是一个能量流和信息流互相交织、互相影响的系统。

信息获取的第一步是能源网络的数字化。而目前,能源网络的数字化水平远未达到真正实现能源互联网的要求。相比而言,大型能源生产设施及电力系统中输变电设备的数字化程度较高,而配电网和用户侧用能设备的数字化水平都比较低。未来能源网络对传感器有巨大的需求,通过传感器对特定物理量的采集和转换,整个能源网络将成为一个可观测和可控制的系统。

数字化的信息需要借助网络在系统中进行传递。用于能源信息传输的网络分为本地局域网和广域互联网两部分。本地局域网主要完成本地服务器和各类传感器、智能设备之间的通信,而不同的传感器和智能设备往往采用不同的通信协议,这就需要能源网关对不同的协议进行处理,实现信息的上通下达。广域互联网主要解决海量能源数据的输送和信息安全等问题。

原始的数据只有经过处理才会变成有效的"知识",而这些"知识"往往要经过合理的可视化后才能更好地被人接受。所以,未来能源互联网还需要借助大量自动分析、评估和可视化软件工具与系统才能实现更高级的功能。

综上,信息与通信技术可以大致将其分为四个层次:传感器层(物理层)、通信层、基础层和高级应用层。对这些层次进行纵向的整合,就形成了完整的能源优化管理系统。

3. 开放互动平台

开发互动平台是对能源网络中不同参与者进行协调和对接的工具。根据当前能源互联网发展的主流需求,各类不同级别、不同标的物能源市场交易平台、能源需求侧管理平台、能源需求响应平台、碳交易平台、污染权交易平台、企业能源填报和审计平台都有非常强的应用需求和前景。这些平台一方面促进了信息的开发和共享,帮助能源网络的参与者进行更合理的决策;另一方面也降低了交易费用,使得资源能够通过交易实现低成本的最优配置。

4. 架构

能源互联网的实现不能靠无序的底层探索,适当的顶层设计能够更好地促进技术进步和整合集成。相比基础设施而言,包含开发互动平台在内的能源互联网信息和通信技术具有丰富的层次和多样化的实施方案,因此合理的架构设计显得尤为重要。在这方面,包括面向服务的架构、分布式自治实时架构、软件定义光网络架构等相对成熟的架构设计方面都提供了面向多参与主体的系统设计思路,是能源互联网架构设计可以参考的重要依据。

7.2.2 能源互联网关键技术

从能源互联网整体技术框架的划分来看,其关键技术可以划分为能源互联网基础设施关键技术,能源互联网能量及故障管理技术,能源互联网信息和通信技术,能源互联网应用与服务平台技术。

1. 能源互联网基础设施关键技术

能源互联网基础设施关键技术主要包括固态变压器、能量路由器、分布式能源设备、微网、储能技术及主动配电网技术等。

1)固态变压器

固态变压器是能源互联网系统中实现能量转换的核心。与传统变压器相比,其具有以下优点:多功能性,固态变压器不仅能实现电压转换,还能实现频率转换(直流和交流电之间的转换);小巧性,固态变压器体积小且质量轻;双向传递性,固态变压器可实现电压的输入、输出,且兼具故障隔离功能。例如固态变压器可将风力发电并入电网,实现低压交流电向高压交流电的转化;也可将太阳能发电并入电网,实现低压直流电向高压交流电的转化。

2)能量路由器

能量路由器是能源互联网中的核心元件。能量路由器是中压配电网和低压区域网的接口,可以实现能量的双向流动,同时可作为可再生能源提供低压直流母线。能量路由器也分不同的种类,其中承担局域能源单元与骨干网络互联网的能量路由器必须能够实现骨干高压电流到低压电流的变压调节、交流电和直流电能的相互转换;局域能源单元互联的能量路由器需要尽可能多地接纳可再生能源,最大限度提高能源利用效率。综上,能量路由器的本质特征是实现接口、转换和分配。

由于能源互联网仍处于起步阶段,能量路由器仍停留在概念和初步设计阶段,还没有真正的产品和商业应用出现。当然,一些具有能量分配功能的设备,如智能电表、智慧能源网关、逆变器、储能设备、充电桩等已经商业化。这些设备在通信接口、电力电子设备集成和控制等方面为高端能量路由器的进一步发展积累了宝贵经验,只有当能源互联网的架构真正形成且具备技术可行性及经济可行性时,具备完整功能的能量路由器才有实际应用的基本场景和条件。

3)分布式能源设备

分布式能源设备是在空间位置上相对分散的,利用新能源及可再生能源(太阳能、地热能、水能、生物质能、潮汐能等)进行供能或发电的设备。与传统能源生产设备相比,分布式的能源设备具有清洁环保、灵活性高效等特点;在适当的控制策略下,可以显著提高用户的用能可靠性,降低输配电网络的投资;在有效的商业模式下,可以降低用户的用能成本。

4)微网

微网是一种由分布式能源进行供能的小型系统,可以独立运行,也可以通过联络线和大系统互联。现在,微网被普遍认为是实现分布式能源应用的重要基础架构,涵盖了能量管理系统、智能控制、储能、先进电力电子技术、自动化终端及储能等多种技术。

微网的组网方式包括交流微网、直流微网和混合微网三种模式。交流微网指分布式电源、储能装置等均通过电力电子装置连接至交流母线。目前交流微网仍然是微网的主要形式,是通过对并网点处开关的控制实现微网并网运行与孤岛模式的转换;直流微网指分布式电源、储能装置、负荷等均连接至直流母线,直流网络再通过电力电子逆变装置连接至外部交流电网。直流微电网通过电力电子变换装置可以向不同电压等级的交流、直流负荷提供电能,分布式电源和负荷的波动可由储能装置在直流侧调节;混合微网既含有交流母线又含有直流母线,既可以直接向交流负荷供电又可以直接向直流负荷供电。

微网是能源互联网概念得以实现的基础。微网的自我管理、自我控制特征使它既可以并网又可以独立运行,实现与电网双向能量灵活交换的目标,使能源户用自由与平等地实现能源的交易成为可能。

5)储能技术

储能技术是智能电网、能源互联网、可再生能源接入、分布式发电系统及电动汽车发展必不可少的支撑技术之一,不但可以有效实现需求侧管理、消除峰谷差、平滑负荷的目标,而且可以提高电力设备运行效率、降低供电成本,还可以作为促进可再生能源应用,提高电网运行稳定性和靠性、调整频率、补偿负荷波动的一种手段。通常储能技术可分为物理储能(如抽水蓄能、压缩空气储能、飞轮储能)、电化学储能(二次电池储能、液流电池储能、超级电容器储能)、化学能储能(氢储能、合成天然气储能)、磁储能(超导线圈储能)和热储能

（熔融盐储能、显热储能）五类。

6）主动配电网

2008 年，国际大电网会议项目提出了主动配电网的概念，并指出主动配电网可以通过灵活的网络拓扑结构来管理潮流，以便对局部的分布式电源进行主动控制和主动管理。分布式电源的接入极大地增加了配电网运行的复杂程度，如改变了配电网的潮流特征、短路电流特性，增大了配电网的电压波动等，这些变化在某种程度上迫使我们改变传统的被动式配电网管理运行模式。所谓主动管理控制，主要是针对配电网中的可控对象而言的，包括各类开关、调压器、电容器和新接入的各类电力电子装置、可调负荷等。

配电网主动控制有以下几种主要的模式：①集中式，即将辖区配电网内的所有测量点信息都上送到配电网中央控制器，后者通过对各个可控设备发送命令来保证系统的电压和频率在合理的范围内；②分布式，即各可控设备（主要是分布式电源）都利用本地信息和邻近信息进行本地决策，全系统形成一个多代理的结构；③混合分层式，即将集中式和分布式相结合，在两级之间加入协调层，既降低了集中决策的复杂度，又能够对各个分布式控制器的行为进行协调，使整体控制效果达到最优。

2. 能源互联网能量及故障管理技术

能源互联网中存在大量能量产生、传输、储存设备以及用电设备、能量管理和故障管理设备等。智能能量管理技术及智能故障管理技术在能源互联网中就显得尤为重要。

1）智能能量管理技术

能源互联网系统的组成部分主要有智能能量管理设备、分布式可再生能源、储能装置、交流装置和负荷等。智能能量管理设备是能源互联网系统中的核心设备，主要功能包括分布式能源控制、可控负荷管理、分布式储能控制、继电保护等。在运行控制过程中，智能能量管理设备可以基于本地信息对电网中的事件作出快速、独立的响应，当电网电压跌落、故障、停电时，能源互联网系统可以自动实现孤岛运行与并网运行之间的平滑切换；当运行于孤岛状态时，不再接受传统方式的统一调度。

智能能量管理技术具体可以分为能量设备的"即插即用"管理技术、分布式能量管理技术、协同控制技术、基于可再生能源的控制策略优化技术、储能管理技术。智能能量管理技术的系统架构如图 7-3 所示。

能量设备的"即插即用"管理技术：分布式电源主要由分布式发电设备、设备安装和互联等组成。为了降低非硬件成本，提高能源互联网的动态拓扑性、灵活性和安全性，需要这些能量设备满足即插即用的特性，实现对这些设备即插即用的管理。即要求插即用管理技术具有类似计算机的通用串行总线接口协议；具有开发的硬件平台，能很好地与现有电网进行连接；能量设备接入或断开时能自动快速地进行能量与信息的接入或断开。

分布式能量管理技术：能源互联网中存在大量的分布式设备，为了提高这些设备的效率，提高整个能源互联网的可靠性与安全性，需要采用分布式能量管理与协同控制技术。该技术既能对单个分布式能源进行快速、高效的管理，又能对整个能源互联网中的设备进行协同和调配以实现整个能源互联网的高效运行。

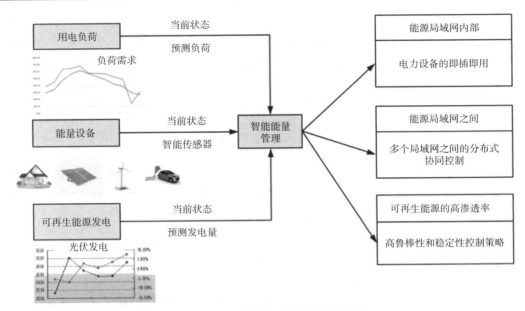

图 7-3 智能能量管理技术的系统架构

基于可再生能源的控制策略优化技术：可再生能源发电高度的随机性和间歇性使其输出功率成为整个能源互联网中最大的不确定因素。它直接决定了整个网络的电压、储能系统的配置、充电使用策略等。因此需要开发针对可再生能源输出功率的预测方法，如小偏差的短期、超短期可再生能源输出功率预测方法和高鲁棒性和动态性的控制优化方法。

储能管理技术：在能源互联网中含有大量的储能单元，而不同的储能单元的差异性巨大，因而需要对众多的储能单元进行成组管理。目前，针对储能管理技术的研究主要可以分为三个方向：拓扑结构优化与设计技术、性能监控技术、状态均衡技术。

2）智能故障管理技术

在能源互联网中，固态变压器提供分布式能源和负荷的有限管理。因其具有强烈的限流作用，能改善短路电流波形，提高电网的稳定性。与传统电网相比，能源互联网故障电流很小，最多只能提供两倍额定电流的故障电流，传统的通过检测电流大小的故障检测设备和方法将失效，需要设计新型故障识别和定位装置，即只能故障管理。因此需要设计一种新的电路断路器，保证当系统发生故障时断路器可以快速隔离故障单元，使得固态变压器能快速地恢复系统电压。固态断路器利用绝缘栅双极型晶体管等电力半导体器件作为无触头开关，大幅度提高响应速度，同时又起到重合器和分段器的双重作用。

在能源互联网中主要采用环路供电策略来提高系统的柔性操作能力和供电可靠性。因此，针对能源互联网提出了识别和定位技术以及区域化系统保护方案。利用基尔霍夫电流定律，根据线路两侧判别量的特定关系作为判断依据（即区域两侧均判别量借助通道传送到对侧），然后两侧分别按照对侧与本侧判别量之间的关系来辨别区域故障或是区域外故障。利用纵连差动的思想，将能源互联网分割成若干个区域。每个区域两端都接有固态断路器，负责清除故障，由固态变压器提供后备保护。每个区域连接若干固态变压器拓扑分支,每个分支上都有电流流入或流出。在差动保护基础上用基尔霍夫定律去判断,若闭合线圈内支路电流之和为零,则区域内无故障;若电流之和不为零,则区域内有故障。由于电流传感器的励磁特性不可能完全一致,且在采用通信传输电流采样值时也不能完全保证实时性和同步性,使得电流累加和结果不为零。因此可设定一个阀值,当累加电流大于此阀值时,判定区域内有故障,相关区域的固态断路器断开;反之,则判定无故障,固态变压器无动作。

3. 能源互联网信息和通信技术

能源互联网是采用先进信息和通信技术,通过分布式能量管理系统对分布式能源设备实施广域协调控制,实现冷、热、汽、水、电等多种能源互补目标,提高用能效率的智慧能源系统。信息和通信技术在能源互联网中显得非常重要。

1)微电子技术

微电子技术将会渗透到可再生能源互联网的各个层级,是能源互联网的重要支撑性技术之一。

能源互联网中可再生能源的大量接入对电子系统提出了如下具体要求:①高效性,实现了分布式能源供给、储能和用能间的动态平衡,从而实现电能的高效配置和使用;②高质性,避免了谐波污染、电泳等造成的电力设备老化和故障,从而提供电压稳定和频率纯净的高品质电能;③安全性,具有一定故障屏蔽、故障排查和故障自愈能力,在微网或其内部发生故障时,可迅速切断其与外部电力总线的联系,防止故障传导乃至大规模电网崩溃;④宽泛性,可提供多种多样的可再生能源互联网应用,并可为衍生性应用提供支持;⑤便利性,一方面设备需要小型化和轻量化,从而实现小型化的分布式微网;另一方面,设备需满足即插即用,即任何一个分布式能源供给、储能或用能装置都以在无须停电的情况下便捷地接入微网或从微网断开。

2)复杂软件技术

复杂软件一种由大量局部自治软件系统持续集成、相互耦合关联而成的大型软件系统。其结构特点主要如下。

系统之系统:在能源互联网中,无论是核心地位的大型发电侧和变电站,还是分布式小型能源发电装置和储存装置都可以进行自由组网,形成大小不一的能源自治网络,并且可以通过不同层级的能量路由器相互连接,从而形成覆盖所有用户的能源网络。

信息-物理融合系统:在能源互联网中,各类软件与能源互联网的能量采集器、能量发生器、储能系统及路由系统和输送等物理设备之间的都存在着从几微秒到数小时的时间尺度的复杂交互模式,是一个综合网络、计算和物理环境的多维度复杂系统。因此负责软件系统需要通过信息、计算和控制来实现物理过程和信息过程的有机融合,从而增强自身对物理实体的适应能力。

社会-计算交融系统:能源互联网,是广泛的能源提供者,与用户之间存在密切交互作用的社会网络,涉及大量不同的社会群体,包括各种能源的提供者、能源互联网的管理和维护者、广大的能源消费者。在能源互联网的支撑下,任何群体都可以影响能源互联网市场。如能源供给者和用户在不同的用能要求下可构建不同粒度和规模的能源交换市场,能源互联网管理者和维护者则可根据市场发展的要求制定和执行能源交换的政策和规则。人既是软件系统的输入和输出元素,也能够通过与软件系统的密切交互来影响软件系统的行为模式和功能表达,从而在一定程度上成为软件系统的有机组成部分。

3）信息物理系统技术

信息物理系统是综合计算、通信、控制、网络和物理环境等的多位复杂系统。通过通信技术、计算机计算和控制技术的有机融合与深度协作,实现大型工程系统的实时感知、动态控制和信息服务。

4）大数据和云计算技术

在能源互联网中,云计算是以大数据为基础,以数据运算技术为手段,以云平台为基础设施而形成的智能基础,其主要包括大数据分类及对应的处理系统、大数据分析与计算－云计算技术等。

大数据分类及对应处理系统:一般由批量数据及处理系统、数据流及其处理系统、交互数据及其处理系统、图数据及其处理系统组成。

云计算技术:由于能源互联网存在海量数据,而传统的信息储存与分析技术已经不能满足海量数据的要求,需要存储空间更大和分析能力更强的运算计算。云计算技术是解决此问题的不二选择。在能源互联网中,云计算技术是将整个网络中数据储存在计算基础设施中(也就是云端),再进行集中管理并对大数据进行深度分析和决策,并向分散用户提供远程运算和存储服务。云计算技术主要有技术能力聚集度高、数据处理效率高、数据处理成本低等三个主要特点。

云计算平台:能源互联网中的云计算凭条是采用大数据处理与挖掘分析、智能应用、智能消息推送、社会化协作、服务化架构等云计算关键技术建立的,为各种规模和类型的云计算提供统一的开发、运行和管理服务的平台。

4. 能源互联网应用和服务平台

能源互联网的建设需要强大的技术支撑、政策支撑、顶层设计、行动计划,然后才能探索如何形成有效的商业模式,进而产生一系列应用和服务平台。

1）能源市场交易平台

能源互联网平台的构建需要整个社会的积极参与,其分为国家级、区域级、省级、市级等不同水平。能源市场交易平台包括电力的批发和零售,以及售气、供暖、虚拟电厂、电动汽车的购电和反售电等。随着售电市场的放开和大规模分布式电源、储能系统和电动汽车接入能源互联网,未来能源市场将会形成一个包括多样化的电力供给和需求、多样化的生产方和需求方的复杂市场。能源市场交易平台就可以用于对复杂的市场进行协调,它不仅是一个电力、燃气等现货的交易平台,还可以开展电力期货交易,以及从该平台延伸出来的金融交易平台。

2）能源需求侧管理平台

能源互联网需求侧管理平台通过交互的信息流传递数据,并根据数据分析、计算产生经济高效的管理控制策略来对用户进行在线监测和管理,进而实现用户侧能源的优化管理和能源交易市场的高效营销。

3）能源需求响应平台

能源需求响应平台是指能源市场中用户根据市场的能源价格信号或激励机制作出响应并且改变常规的能源消费模式的市场参与行为。如,在用电高峰时引导用户降低负荷,甚至反向出力;用电低谷时引导用户增加负荷。通过需求响应可以减少高峰负荷或装机容量,提高能源互联网的可靠性,并让户用积极参与负荷管理,调整用电方式。

4）能效分析平台

能效分析平台是一个借助计算机软、硬件及高速发展的网络通信设备进行信息资源的采集、传输、加工、储存、更新及维护的平台。主要用于实现能耗过程的信息化和可视化、能源信息统计和管理、历史能耗数据对比分析、电能质量及谐波检测分析等。

【试一试】现在,家用电器(电视机、电冰箱、热水器等)已经成为很多家庭生活的标准配置。列举出您家庭中使用的能量转换设备,并了解这些设备工作时能量转化的效率。

7.3　我国能源互联网发展规划

能源互联网是推动我国能源革命的重要战略支撑,对提高可再生能源比重,促进化石能源清洁高效利用,提升能源综合效率,推动能源市场开发和产业升级,形成对新的经济增长点,提升能源国际合作水平等具有重要意义。

能源互联网是一种能源产业发展新形态,相关技术、模式及业态均处于探索发展阶段。为促进能源互联网健康有序的发展,我国正在积极布局、积极推进这一进程。

7.3.1　我国能源互联网发展目标和重点任务

我国为促进能源互联网健康有序发展, 2016 年,国家发改委年发布了《关于推进"互联网+"智能能源发展的指导意见》指导我国能源互联网的发展。

1.发展目标

指导意见指出,近中期将分为两个阶段推进,先期开展试点示范,即:

1）第一阶段（2016—2018 年）

着力推进能源互联网试点示范工作,建成一批不同类型、不同规模的试点示范项目。攻克一批重大关键技术与核心装备,能源互联网技术达到国际先进水平。初步建立能源互联网市场机制和市场体系。初步建成能源互联网技术标准体系,形成一批重点技术规范和标准。催生一批能源金融、第三方综合能源服务等新兴业态。培育一批有竞争力的新兴市场主体。探索一批可持续、可推广的发展模式。积累一批重要的改革试点经验。

2）第二阶段（2019—2025 年）

着力推进能源互联网多元化、规模化发展,初步建成能源互联网产业体系,成为经济增长的重要驱动力。建成较为完善的能源互联网市场机制和市场体系。形成较为完备的技术及标准系统并推动实现国际化,引领世界能源互联网发展。形成开放共享的能源互联网生态环境,能源综合效率明显改善,可再生能源比重显著提高,化石能源清洁高效利用取得积极进展,大众参与程度大幅提升,有力支撑能源生产和消费革命的层面。

2. 重点任务

该指导意见指出,加强能源互联网基础设施建设,建设能源生产消费的智能化体系、多能协同综合能源网络、与能源系统协同的信息通信基础设施。营造开放共享的能源互联网生态体系,建立新型能源市场交易体系和商业运营平台,发展分布式能源、储能和电动汽车应用、智慧用能和增值服务、绿色能源灵活交易、能源大数据服务应用等新模式和新业态。推动能源互联网关键技术发展、核心设备研发和标准体系建设,促进能源互联网技术、标准和模式的国际应用与合作。

1)推动建设智能化能源生产消费基础设施

(1)推动可再生能源生产智能化。

鼓励建设智能风电场、智能光伏电站等设施及基于互联网的智慧运行云平台,实现可再生能源的智能化生产。鼓励用户侧建设冷、热、电三联供、热泵、工业余热余压利用等综合能源利用基础设施,推动分布式可再生能源与天然气分布式能源协同发展,提高分布式可再生能源综合利用水平。促进可再生能源与化石能源协同生产,推动对散烧煤等低效化石能源的清洁替代。建设可再生能源参与市场的计量、交易、结算等接入设施与支持系统。

(2)推进化石能源生产清洁高效智能化。

鼓励煤、油、气的开采、加工及利用全链条智能化改造,实现化石能源绿色、清洁和高效生产。鼓励建设与化石能源配套的电采暖、储热等调节设施,鼓励发展天然气分布式能源,增强供能灵活性、柔性化,实现化石能源高效梯级利用与深度调峰。加快化石能源生产监测、管理和调度体系的网络化改造,建设市场导向的生产计划决策平台与智能化信息管理系统,完善化石能源的污染物排放监测体系,以互联网手段促进化石能源供需高效匹配、运营集约高效。

(3)推动集中式与分布式储能协同发展。

开发储电、储热、储冷、清洁燃料存储等多类型、大容量、低成本、高效率、长寿命储能产品及系统。推动在集中式新能源发电基地配置适当规模的储能电站,实现储能系统与新能源、电网的协调优化运行。推动建设小区、楼宇、家庭应用等场景下的分布式储能设备,实现储能设备的混合配置、高效管理、友好并网。

(4)加快推进能源消费智能化。

鼓励建设以智能终端和能源灵活交易为主要特征的智能家居、智能楼宇、智能小区和智能工厂,支撑智慧城市建设。加强电力需求侧管理,普及智能化用能监测和诊断技术,加快工业企业能源管理中心建设,建设基于互联网的信息化服务平台。构建以多能融合、开放共享、双向通信和智能调控为特征,各类用能终端灵活融入的微平衡系统。建设家庭、园区、区域不同层次的用能主体参与能源市场的接入设施和信息服务平台。

2)加强多能协同综合能源网络建设

(1)推进综合能源网络基础设施建设。

建设以智能电网为基础,与热力管网、天然气管网、交通网络等多种类型网络互联互通,多种能源形态协同转化、集中式与分布式能源协调运行的综合能源网络。加强统筹规划,在新城区、新园区以及大气污染严重的重点区域率先布局,确保综合能源网络结构合理、运行高效。建设高灵活性的柔性能源网络,保证能源传输的灵活可控和安全稳定。建设接纳高比例可再生能源、促进灵活互动用能行为和支持分布式能源交易的综合能源微网。

（2）促进能源接入转化与协同调控设施建设。

推动不同能源网络接口设施的标准化、模块化建设,支持各种能源生产、消费设施的"即插即用"与"双向传输",大幅提升可再生能源、分布式能源及多元化负荷的接纳能力。推动支撑电、冷、热、气、氢等多种能源形态灵活转化、高效存储、智能协同的基础设施建设。建设覆盖电网、气网、热网等智能网络的协同控制基础设施。

3）推动能源与信息通信基础设施深度融合

（1）促进智能终端及接入设施的普及应用。

发展能源互联网的智能终端高级量测系统及其配套设备,实现电能、热力、制冷等能源消费的实时计量、信息交互与主动控制。丰富智能终端高级量测系统的实施功能,促进水、气、热、电的远程自动集采集抄,实现多表合一。规范智能终端高级量测系统的组网结构与信息接口,实现和用户之间安全、可靠、快速的双向通信。

（2）加强支撑能源互联网的信息通信设施建设。

优化能源网络中传感、信息、通信、控制等元件的布局,与能源网络各种设施实现高效配合。推进能源网络与物联网之间信息设施的连接与深度融合。对电网、气网、热网等能源网络及其信息架构、存储单元等基础设施进行协同建设,实现基础设施的共享复用,避免重复建设。推进电力光纤到户工程,完善能源互联网信息通信系统。在充分利用现有信息通信设施基础上,推进电力通信网等能源互联网信息通信设施建设。

（3）推进信息系统与物理系统的高效集成与智能化调控。

推进信息系统与物理系统在测量、计算、控制等多环节上的高效集成,实现能源互联网的实时感知和信息反馈。建设信息系统与物理系统相融合的智能化调控体系,以"集中调控、分布自治、远程协作"为特征,实现能源互联网的快速响应与精确控制。

（4）加强信息通信安全保障能力建设。

加强能源信息通信系统的安全基础设施建设,根据信息重要程度、通信方式和服务对象的不同,科学配置安全策略。依托先进密码、身份认证、加密通信等技术,建设能源互联网下的用户、数据、设备与网络之间信息传递、保存、分发的信息通信安全保障体系,确保能源互联网安全可靠的运行。提升能源互联网网络和信息安全事件监测、预警和应急处置能力。

4）营造开放共享的能源互联网生态体系

（1）构建能源互联网的开放共享体系。

充分利用互联网领域的快速迭代创新能力,建立面向多种应用和服务场景下能源系统互联互通的开放接口、网络协议和应用支撑平台,支持海量和多种形式的供能与用能设备的快速、便捷接入。从局部区域着手,推动能源网络分层分区互联和能源资源的全局管理,支持终端用户实现基于互联网平台的平等参与和能量共享。

（2）建设能源互联网的市场交易体系。

建立多方参与、平等开放、充分竞争的能源市场交易体系,还原能源商品属性。培育售电商、综合能源运营商和第三方增值服务供应商等新型市场主体。逐步建设以能量、辅助服务、新能源配额、虚拟能源货币等为标的物的多元交易体系。分层构建能量的批发交易市场与零售交易市场，基于互联网构建能量交易电子商务平台，鼓励交易平台间的竞争，实现随时随地、灵活对等的能源共享与交易。建立基于互联网的微平衡市场交易体系，鼓励个人、家庭、分布式能源等小微用户灵活自主地参与能源市场。

（3）促进能源互联网的商业模式创新。

搭建能源及能源衍生品的价值流转体系，支持能源资源、设备、服务、应用的资本化、证券化，为基于"互联网＋"的 B2B、B2C、C2B、C2C、O2O 等多种形态的商业模式创新提供平台。促进能源领域跨行业的信息共享与业务交融，培育能源云服务、虚拟能源货币等新型商业模式。鼓励面向分布式能源的众筹、PPP 等灵活的融资手段，促进能源的就地采集与高效利用。开展能源互联网基础设施的金融租赁业务，建立租赁物与二手设备的流通市场，发展售后回租、利润共享等新型商业模式。提供差异化的能源商品，并为灵活用能、辅助服务、能效管理、节能服务等新业务提供增值服务。

（4）建立能源互联网国际合作机制。

配合国家"一带一路"建设，建立健全开放共享的能源互联网国际合作机制，加强与周边国家能源基础设施的互联互通，推动国内能源互联网先进技术、装备、标准和模式"走出去"。

5）发展储能和电动汽车应用新模式

（1）发展储能网络化管理运营模式。

鼓励整合小区、楼宇、家庭等应用场景下的储电、储热、储冷、清洁燃料存储等多类型的分布式储能设备及社会上其他分散、冗余、性能受限的储能电池、不间断电源、电动汽车充放电桩等储能设施，建设储能设施数据库，将存量的分布式储能设备通过互联网进行管控和运营。推动电动汽车废旧动力电池在储能电站等储能系统实现梯次利用。构建储能云平台，实现对储能设备的模块化设计、标准化接入、梯次化利用与网络化管理，支持能量的自由灵活交易。推动储能提供能源租赁、紧急备用、调峰调频等增值服务。

（2）发展车网协同的智能充放电模式。

鼓励充换电设施运营商、电动汽车企业等，集成电网、车企、交通、气象、安全等各种数据，建设基于电网、储能、分布式用电等元素的新能源汽车运营云平台。促进电动汽车与智能电网间能量和信息的双向互动，应用电池能量信息化和互联网化技术，探索无线充电、移动充电、充放电智能导引等新运营模式。积极开展电动汽车智能充放电业务，探索电动汽车利用互联网平台参与能源直接交易、电力需求响应等新模式。

（3）发展新能源＋电动汽车运行新模式。

充分利用风能、太阳能等可再生能源资源，在城市、景区、高速公路等区域因地制宜建设新能源充放电站等基础设施，提供电动汽车充放电、换电等业务，实现电动汽车与新能源的协同优化运行。

6）发展智慧用能新模式

（1）培育用户侧智慧用能新模式。

完善基于互联网的智慧用能交易平台建设。建设面向智能家居、智能楼宇、智能小区、智能工厂的能源综合服务中心，实现多种能源的智能定制、主动推送资源优化组合。鼓励企业、居民用户与分布式资源、电力负荷资源、储能资源之间通过微平衡市场进行局部自主交易，通过实时交易引导能源的生产消费行为，实现分布式能源生产、消费一体化。

（2）构建用户自主的能源服务新模式。

逐步培育虚拟电厂、负荷集成商等新型市场主体，增加灵活性资源供应。鼓励用户自主提供能量响应、调频、调峰等灵活的能源服务，以互联网平台为依托进行动态、实时的交易。进一步完善相关市场机制，兼容用户以直接、间接等多种方式自主参与灵活性资源市场交易的渠道。建立合理的灵活性资源补偿定价机制，保障灵活性资源投资拥有合理的收益回报。

（3）拓展智慧用能增值服务新模式。

鼓励提供更多差异化的能源商品和服务方案。搭建用户能效监测平台并实现数据的互联共享，提供个性化的能效管理与节能服务。基于互联网平台，提供面向用户终端设施的能量托管、交易委托等增值服务。拓展第三方信用评价，鼓励能源企业或专业数据服务企业拓展独立的能源大数据信息服务。

7）培育绿色能源灵活交易市场模式

（1）建设基于互联网的绿色能源灵活交易平台。

建设基于互联网的绿色能源灵活交易平台，支持风电、光伏、水电等绿色低碳能源与电力用户之间实现直接交易。挖掘绿色能源的环保效益，打造相应的能源衍生品，面向不同用户群体提供差异化的绿色能源套餐。培育第三方运维、点对点能源服务等绿色能源生产、消费和交易新业态。

（2）构建可再生能源实时补贴机制。

建立基于互联网平台的分布式可再生能源实时补贴结算机制，实现补贴的计量、认证和结算与可再生能源生产交易实时挂钩。进一步探索将大规模的风电场、光伏电站等纳入基于互联网平台的实时补贴范围。

（3）发展绿色能源的证书交易体系。

探索建立与绿色能源生产和交易实时挂钩的绿色证书生成和认证机制，推进绿色证书交易体系与现行排污权交易体系相融合，并通过合理的机制，将绿色证书交易作为碳排放权交易的有益补充。推动建立绿色能源生产强制配额制度，实现基于互联网平台的绿色证书交易与结算。推动绿色证书的证券化、金融化交易。

8）发展能源大数据服务应用

（1）实现能源大数据的集成和安全共享。

实施能源领域的国家大数据战略，积极拓展能源大数据的采集范围，逐步覆盖电、煤、油、气等能源领域及气象、经济、交通等其他领域。实现多领域能源大数据的集成融合。建设国家能源大数据中心，逐渐实现与相关市场主体的数据集成和共享。在安全、公平的基础上，以有效监管为前提，打破政府部门、企事业单位之间的数据壁垒，促进各类数据资源整合,提升能源统计、分析、预测等业务的时效性和准确度。

（2）创新能源大数据的业务服务体系。

促进基于能源大数据的创新创业,开展面向能源生产、流通、消费等环节的新业务应用与增值服务。鼓励能源生产、服务企业和第三方企业投资建设面向风电、光伏等能源大数据运营平台,为能源资源评估、选址优化等业务提供专业化服务。鼓励发展基于能源大数据的信息挖掘与智能预测业务,对能源设备的运行管理进行精准调度、故障诊断和状态检修。鼓励发展基于能源大数据的温室气体排放相关专业化服务。鼓励开展面向能源终端用户的用能大数据信息服务,对用能行为进行实时感知与动态分析,实现远程、友好、互动的智能用能控制。

（3）建立基于能源大数据的行业管理与监管体系。

探索建立基于能源大数据技术,精确需求导向的能源规划新模式,推动多能协同的综合规划模式,提升政府对能源重大基础设施规划的科学决策水平,推进简政放权和能源体制机制持续创新。推动基于能源互联网的能源监管模式创新,发挥能源大数据技术在能源监管中的基础性作用,建立覆盖能源生产、流通、消费全链条,透明高效的现代能源监督管理网络体系,提升能源监管的效率和效益。建设基于互联网、分级分层的能源统计、分析与预测预警平台,指导监督能源消费总量控制。

9）推动能源互联网的关键技术攻关

（1）支持能源互联网的核心设备研发。

研制提供能量汇聚、灵活分配、精准控制、无差别化接入等功能的新型设备,为能源互联网设施自下而上的自治组网、分散式网络化协同控制提供硬件支撑。支持直流电网、先进储能、能源转换、需求侧管理等关键技术、产品及设备的研发和应用。推广港口气化、港口岸电等清洁替代技术。加强能源互联网技术装备研发的国际化合作。

（2）支持信息物理系统关键技术研发。

研究低成本、高性能的集成通信技术。研究信息物理系统中面向量测、电价、控制、服务等多种信息类型、安全可靠的信息编码、加密、检验和通信技术。研究信息物理系统中能源流和信息流高效融合的调度管理与协同控制等关键技术。研究信息 - 能量耦合的统一建模与安全分析关键技术。

（3）支持系统运营交易关键技术研发。

研究多功能融合能源系统的建模、分析与优化技术。研究集中式与分布式协同计算、控制、调度与自愈技术。研发支持多元交易主体、多元能源商品和复杂交易类型的能源电商平台。研究支持分布式、并发式交互响应的实时交易,互联网虚拟能源货币认证,互联网虚拟能源货币的定价、流通、交易与结算等关键技术。探索软件定义能源网络技术。

10）建设国际领先的能源互联网标准体系

（1）制定能源互联网通用技术标准。

研究建立能源互联网标准体系。优先制定能源互联网的通用标准、与智慧城市和《中国制造 2025》等相协调的跨行业公用标准和重要技术标准,包括能源互联网的能源转换类标准、设备类标准、信息交换类标准、安全防护类标准、能源交易类标准、计量采集类标准、监管类标准等。推动建立能源互联网相关国际标准化技术委员会,努力争取核心标准成为国际标准。

（2）建设能源互联网质量认证体系。

建立全面、先进、涵盖相关产业的产品检测与质量认证平台。建立国家能源互联网质量认证平台检测数据共享机制。建立国家能源互联网产品检测与质量认证平台及网络。鼓励建设能源互联网企业与产品数据库,定期发布测试数据。建立健全检测方法和评价体系,引导产业健康发展。

7.3.2　我国能源互联网相关技术及发展情况

经过短期的发展,我国在能源互联网相关技术进行了一系列先期试验并取得一定的成绩,具体如表 7-1 所示。

表 7-1　能源互联网相关技术及发展情况一览表

技术	发展情况	
固态变压器	技术水平	应用于 10 千伏和 20 千伏电压等级的固态变压器还未真正形成成熟的技术路线
	应用水平	目前无大规模商业化应用
	案例	美国能源互联网项目——FREEDM 项目
能量路由器	技术水平	尚处于概念阶段,功能组成、性能指标等尚不明确
	应用水平	一些概念性产品已出现,但多数是对已有产品的概念性包装
	案例	无
能分布式能源设备	技术水平	以分布式光伏、冷热电联供、地源热泵为主要技术形式,已经形成了成熟的技术路线
	应用水平	已大规模应用
	案例	领跑者项目
微网	技术水平	微网各主要组件都已有较成熟的技术方案,但微网整体的控制技术、能量管理系统、储能技术等还有待进一步提高,尤其是要保证微网在并网、孤岛运行状态下安全性、可靠性和电能质量
	应用水平	示范性项目为主,少量商业化项目
	案例	天津生态城微网项目、浙江南麓岛海岛微网项目
储能	技术水平	在储电方面,已经形成各种能量密度、功率密度的储能元体系,但成本和往返效率这个指标有待改进;在储热方面,新的材料和存储介质还在不断出现,提高能量存储密度是当前主要解决的问题;储气技术相对成熟
	应用水平	商业化程度较高;储电技术已经和光伏相结合,形成好较好的商业模式;储热技术目前和光热电站及风电供热等应用场景结合,也具有较好的应用前景
	案例	坪山新区比亚迪厂区 20 兆瓦 -40 MVAh 铁电池项目 华强兆阳张家口一号 15 兆瓦光热发电站项目

续表

技术		发展情况
主动配电网	技术水平	测量和自动控制技术相对成熟,但分布式发电装置接入情形下配电网故障定位、故障隔离与恢复供电、保护、网络重构等还有待进一步研究
	应用水平	已进入配电网建设的近期规划,部分城市配电网自动水平近年来已经得到了大幅度提高,提供建设基础;示范性项目已经落地
	案例	厦门岛主动配电网项目
多种能源协调互补技术	技术水平	CHP\CCHP 技术和热泵技术已有成熟的技术路线;电力转化大规模电解制氢技术目前还处于预研状态
	应用水平	商业化程度较高,应用实践案列丰富,但由于目前还没有很好的多能源网络联合运行和控制技术;大规模电解制氢技术还未大规模商业化应用
	案例	瑞典马尔默市 Bo01 住宅示范区
微电子技术	技术水平	在材料、芯片层面技术相对成熟,但工艺和器件层面有待进一步研究
	应用水平	目前微电子技术已在智能电网、微网等电力系统中得到广泛应用,但还未涉及多种能源的能源互联网中的到应用
	案例	无
复杂软件技术	技术水平	仅提出复杂软件系统概念
	应用水平	概念性产品在实验平台中出现
	案例	厦门岛主动配电网项目
信息物理系统技术	技术水平	研究处于起步阶段,未来主要研究集中在系统架构、CPS 的应用、实时系统和安全性四个方面
	应用水平	已经广泛应用于智能电网等领域
	案例	无
信息和通信技术	技术水平	具有海量通信设备且延时低、层级各异的信息和通信技术已经相对成熟,但技术的安全可靠性需要进一步提高,针对能源互联网下的信息和通信技术需要制定新的标准和协议
	应用水平	在智能配、用电环节已经得到应用
	案例	北京房山智慧城市项目
大数据和云计算技术	技术水平	大数据和相关计算技术已经相对成熟,但云平台的发展相对滞后
	应用水平	在物联网、智慧城市等项目中已经得到广泛应用
	案例	北京房山智慧城市项目

【试一试】能源互联网的建设目前处于初级阶段,它的核心技术还需要有哪些较大的突破,才能够为人类作贡献?